从入门到精通的实战指南

零基础玩转DeepSeek

天润世纪　主编

首批全国优秀出版社 | 中国农业出版社

图书在版编目（CIP）数据

零基础玩转deepseek / 天润世纪主编. -- 北京 ： 中国农业出版社，2025. 6. -- ISBN 978-7-109-33319-2

Ⅰ. TP18

中国国家版本馆CIP数据核字第2025X25Y61号

零基础玩转 DeepSeek
LING JICHU WANZHUAN DEEPSEEK

中国农业出版社出版
地址：北京市朝阳区麦子店街18号楼
邮编：100125
责任编辑：靳文玲
责任校对：吴丽婷
印刷：三河市祥达印刷包装有限公司
版次：2025年6月第1版
印次：2025年6月河北第1次印刷
发行：新华书店北京发行所
开本：700mm × 1000mm　1/16
印张：10
字数：260千字
定价：68.00元

前　言

在这个智能技术悄然改变生活的时代，你可能已经发现：

同事用AI十分钟写完周报时，你还在对着空白文档发愁；

邻居家孩子用智能工具整理错题本，你家孩子还在抄写练习册；

朋友随口让AI安排好周末出游攻略，你却要翻遍十几个App查攻略。

DeepSeek就像你的私人智能团队——会写文案的秘书、随时待命的家教、全年无休的行程规划师，而且完全不需要支付高额薪水。但很多朋友因为不了解它的使用方法，白白错失了让生活变轻松的机会。这正是我们编写这本书的初衷：让DeepSeek成为每个人的便利工具。

这是一本怎样的指南？

第1章　我们先来场“网友见面会”，清楚说明DeepSeek到底是怎样的存在。你会发现它并不高冷，更像是个“万能小秘书”。

第2章　手把手教你说AI听得懂的话。很多人不知道，和DeepSeek沟通就像教小朋友做事情——关键不是说得多，而是说得巧。

第3章　进入核心功能实战区。这里不仅有处理文档的独门妙招，还会教你搭建自己的“智能知识库”。

第4章　真实生活场景大作战中，辅导作业时DeepSeek会化身成“24小时家教”；工作汇报时能变成“金牌文案助手”；管理家务时能担任“全能生活管家”。

第5章　当你已经能和DeepSeek默契配合时，这里准备了更高效的对话技巧和文件处理绝招。就像游戏里的隐藏关卡，解锁后使用体验直接升级！

第6章　贴心的“智能助手急救包”。遇到卡壳的情况不用慌，常见问题这里都有解决方案，还特别准备了安全使用贴士，守护你的隐私安全。

特别适合这些朋友：

想用AI提升效率、却不知从何下手的上班族；

希望通过智能工具辅助学习的家长和学生；

对新鲜事物充满好奇的银发族学习者；

想要拓宽服务场景的各类经营者。

打开这本书，你会发现：使用AI助手不需要成为技术大神，就像不需要懂发动机原理也能开车一样。准备好你的手机/电脑，让我们一起开启这段奇妙的DeepSeek之旅！

你的AI私教团队

2025年5月

目　录
CONTENTS

第5章　高手成长秘籍

第6章　问题解答大全

附　录

第 1 章　初识 DeepSeek：你的智能小助手

1.1 DeepSeek 究竟是什么?

1.1.1 进化之路

DeepSeek的智能升级三部曲

1. 青铜时代(2000年–2020年)

关键词匹配搜索引擎(例:谷歌PageRank网页链接合集)→ 信息检索基础形态。

2. 白银时代(2021年–2023年)

听懂人话的AI助手(例:ChatGPT对话式应答)→ 需求理解突破。

3. 黄金时代(2024年至今)

全能生活管家(例:拍冰箱照片→生成带采购清单的周食谱→自动推荐鸡蛋、牛奶补给)。

1.1.2　技术跃进

1. 2023年9月里程碑

（1）推出首个中文千亿级大模型，在权威测评中击败GPT-3.5。

（2）行业动态：字节跳动同年8月发布豆包大模型，次年“人工智能+”写入国家战略，政策催化技术竞赛。

2. 2024年3月架构革命

（1）启用智能专家协作系统（教育、医疗等16领域动态调配）。

（2）同业对标：阶跃星辰Step-2模型验证新架构优势，国内厂商集体转向高效架构（训练成本压降至GPT-3的46%）。

3. 2024年12月效能突破

（1）跨模态关联技术使AI反应速度提升4倍。

（2）产业共振：讯飞星火X1同步实现国产算力突围，基层医院开始用千元级设备运行AI诊断。

4. 2025年1月实时决策

（1）R1推理引擎商用落地，5秒完成视频流事件分析。

（2）商业验证：快手AI视频工具月收破千万元，工业质检响应速度追平人类专家（误差率仅0.3%）。

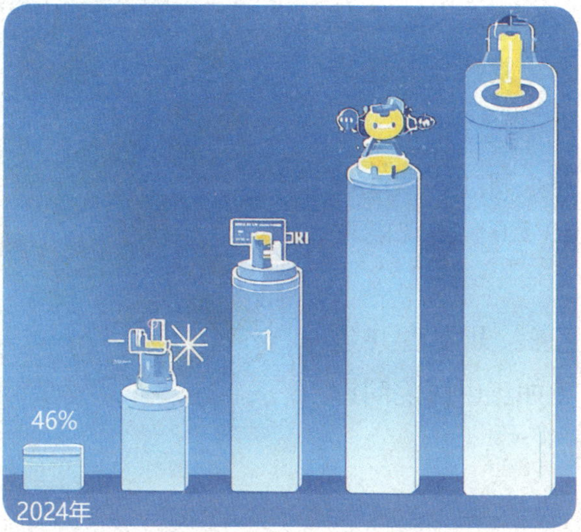

1.1.3 变革全景

三大颠覆性突破

1. 成本腰斩

百万次问答处理费从25元降到0.8元（仅为国际巨头1/4）。

模型训练开支省53.5%。

2. 交互新生代

四川话发微信自动转文字（识别率98%）。

随手画客厅布局→3D装修方案（支持10种家装风格）。

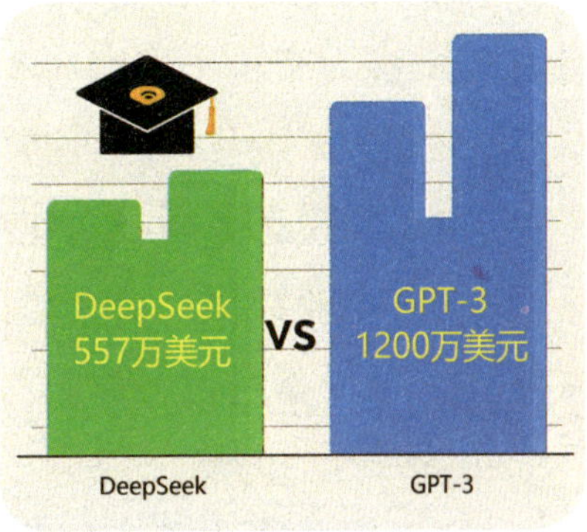

3. 生态大爆炸

开源社区20万极客共建（芯片厂到App开发者的上下游协作网）。

技术栈：智能核心→开放接口→千行百业应用场景。

技术关键点

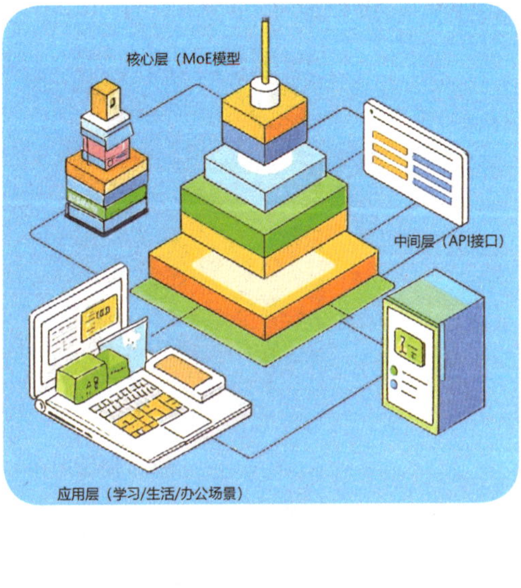

1. 智能模块调度：16个专业模块动态组合，复杂任务提速300%。

2. 硬件革命：新一代硬件组合（DDR5+PCIe5.0）实现能耗比提升10倍。

3. 开放生态：开发者共建800+行业方案（如三甲医院问诊话术库）。

1.1.4 智能协作引擎

DeepSeek的智慧大脑由16个专业模块协同驱动

1. 智能调度中枢

教育、医疗等16个领域智能体实时协作（例：解方程时数学引擎+教学策略模块联动）。

医疗问诊场景自动组合病症分析、文献检索双模块。

2. 效能跃升

复杂问题处理速度提升3倍（原需9分钟现缩至3分钟）。

能耗直降三分之二（原设备日耗电15千瓦时现仅需5千瓦时）。

3. 专业特训

每个智能模块经过2万亿字行业数据特训（相当于百万本专业书籍）。

实际应用准确率超92%（如医疗诊断建议通过三甲医院临床验证）。

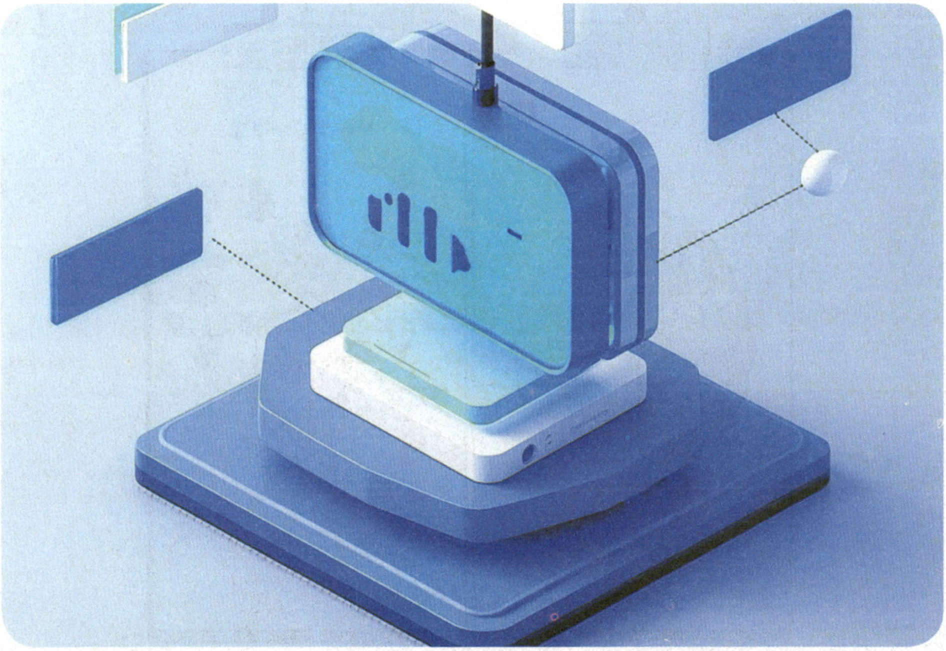

1.1.5 智能关联系统

DeepSeek的认知引擎实现三大进化

1. 全维度联想

智能解析图文音关联（例：输入“露营”→自动打包天气预报+装备清单+地形图）。

跨模态分析能力覆盖128条关联线索（人类极限仅3~4条）。

2. 思维跃升对比

普通人：同时关注酒店价格、位置、评分三要素。

智能系统：同步追踪价格波动、周边设施、用户评价等128个决策因子。

3. 深度规划

亲子游方案自动整合：

√景点人流量预测　√交通实时拥堵规避　√儿童安全防护预案（12大智能模块联动，5分钟生成3日游完整方案）。

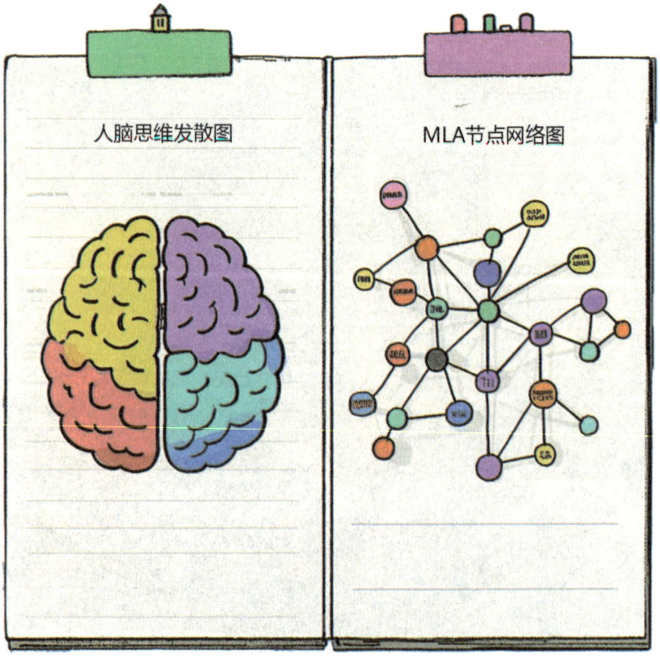

1.1.6　商业势能

DeepSeek带来三重降维打击

1. 成本碾压

训练开支省一半以上。

百万次问答费用0.8元。

2. 硬件突围

新一代硬件配置（DDR5+PCIe5.0）单卡跑千亿级模型。

手机运行AI快如闪电（每秒处理12条信息）。

3. 生态繁荣

开发者共建800+行业方案（如教育智能题库系统）。

企业接口月调用50亿次（日均1.6亿次需求响应）。

技术架构分三层：智能核心–开放工具–千行应用。

硬核指标

1. 闪电响应

（九成问题1.2秒内解答）。

2. 方言自由

（四川话转文字98%准确率）。

3. 视觉智能

（模糊照片识别精度91%）。

4. 开放生态

（70+开箱即用模型+40个定制工具包）。

1.1.7 全球足迹

DeepSeek正在用技术打破地域边界

1. 用户燎原之势

2025年首季全球月活破3亿（发展中国家占57%）。

下载狂潮：中国春节/印度排灯节/巴西狂欢节期间单日新增超百万次。

2. 语言无国界

83种语言实时互译（例：中文→印地语商务谈判即时转译）。

文化智能：阿拉伯地区自动提示斋月禁忌内容，亚洲家庭场景优化婆媳关系建议。

3. 渗透图谱

用户热力地图显示：东南亚、拉美成增长引擎（印尼渗透率已达37%）。

技术普惠指数：农村地区用户年增速达220%。

1.1.8　产业地震

DeepSeek引发三波冲击波

1. 算力革命

智能协作系统+双通道加速技术，2048块显卡实现万亿级模型训练。

英伟达GPU采购量暴跌17%，华为昇腾芯片装机量激增（端侧AI提速300%）。

2. 职场重构

月薪2万元的文案岗缩水近三成。

法律文书、医疗报告70%实现AI自动化。

新兴职业：AI驯兽师（年薪30万元起步，全国急缺12万人）。

就业冰火两重天：AI岗位年增62% vs 传统制造业3.7%。

3. 行业重塑

清华大学增设“人机共舞”必修课（00后学生选课挤爆系统）。

上海三甲医院急诊科：AI 5秒完成多维度数据分析（抢救成功率提升22%）。

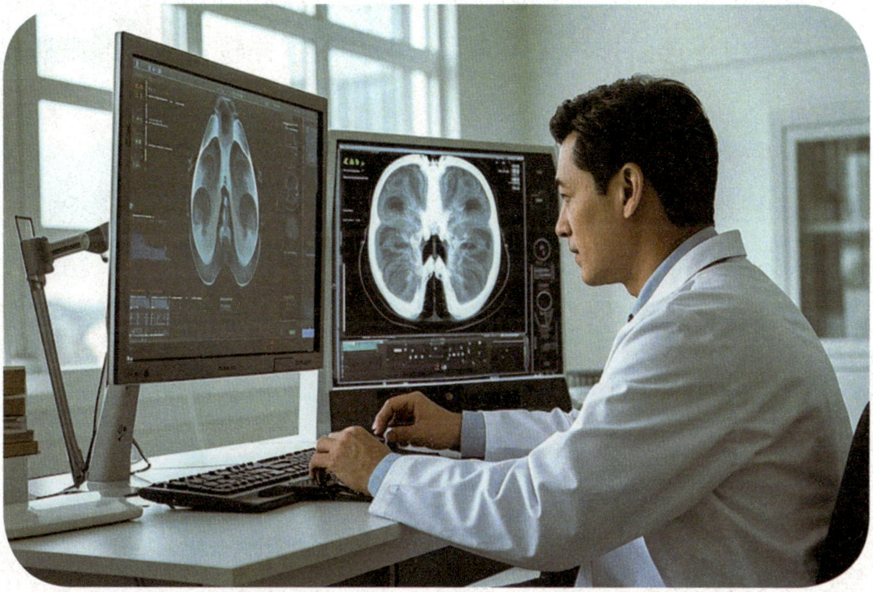

1.1.9 智能革命引发的社会影响

开源建设

1. 技术架构

底层系统采用新一代混合智能架构（MoE），已凝聚23万开发者共建开源生态。

2. 行业应用

教育领域：智能解题系统可自动拆解5万+题型考点。

医疗领域：文献速读工具30秒生成医学摘要。

3. 普惠服务

教育帮扶：智能备课平台已覆盖云南、青海等地5217所学校，支持彝语、藏语等7种民族语言的教学内容生成。

基层医疗：基于开源CT分析算法，肺结节AI筛查系统在县域医院实现92%准确率，日均辅助诊断超3万例。

平权实践

1. 视障辅助

AI相册语音交互系统：视障群体通过自然对话完成相册制作，智能语音全程引导选图排版，实时识别照片内容并转化为可触摸播放的语音故事集。

2. 适老优化

界面设计：智能适配手机/平板的“长辈模式”，采用强化视觉对比度的大图标布局。

交互升级：支持粤语、闽南语等方言的语音控制，相册制作流程设置防抖缓冲机制，误触率降低70%。

1.1.10　智能革命引发的伦理挑战

伦理实践

1. 破除信息孤岛：智能推荐系统主动引入对立观点，搜索“减脂攻略”时会同步推荐心理疏导内容。

2. 对抗数据偏见：组建200人跨学科伦理团队审核AI训练集，职业推荐模块性别倾向下降65%。

3. 数字遗产管理：推出“数字遗嘱”加密托管服务，生活习惯智能传承系统可让后代参考祖辈健康作息。

技术演进

1. 2026年里程碑：AI情感陪伴系统（独居老人情绪支持场景实测）。

2. 2027年突破：脑机交互实验装置（实现意念控制智能家居原型）。

3. 2028年愿景：城市AI调度中枢（交通/能源网络全局优化效率提升40%+）。

相关内容

1. 硬件市场方面，主要是国际半导体协会2025Q1报告。

2. 教育变革方面，主要是清华大学人机协同课程大纲。

3. 伦理治理方面，主要是DeepSeek技术白皮书第7章。

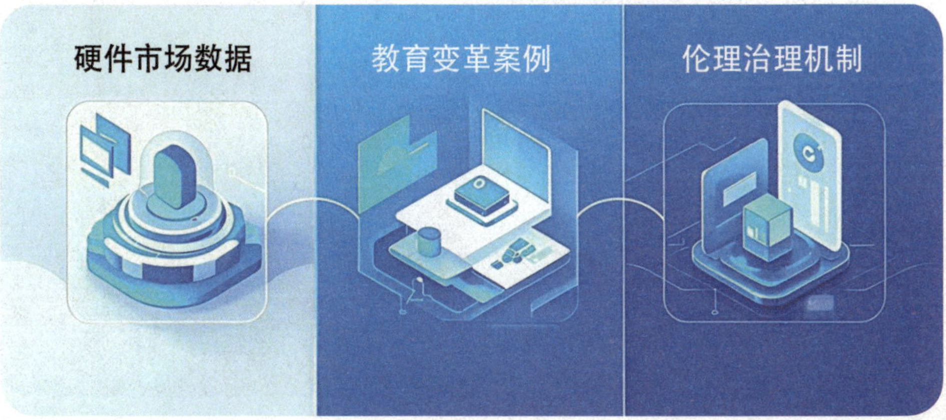

1.2 DeepSeek 能帮我们做哪些?

1.2.1 能力全景

DeepSeek围绕四大日常场景构建服务体系

1. 学习助手

作业辅导系统+知识网络构建（例：手把手教解数学难题）。

2. 办公利器

文档自动处理+数据图表生成（例：3分钟创建Excel智能报表）。

3. 生活管家

个性化场景方案库（例：健康饮食计划自动搭配运动建议）。

4. 创意工坊

全媒体内容生产（例：旅游VLOG脚本和景点路线图一键生成）。

1.2.2　学习与工作

学习升级

数学辅导实测：输入“解方程$3x^2+5=17$”。

①AI教练分步拆解教学：从移项到验算全程演示。

②举一反三训练：即时生成相似难度练习题（含答案对比功能）。

办公进化

1. 会议纪要革命

录音文件转文字→自动提取待办事项（耗时从1小时缩至8分钟）。

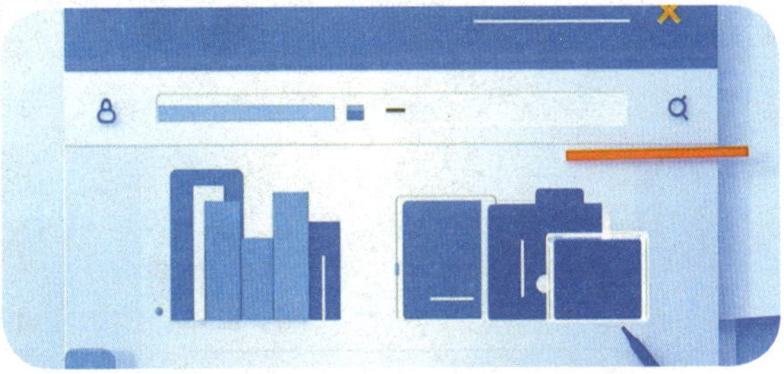

2. 数据秒变图表

说出“分析季度销售”→自动生成带趋势曲线的数据透视表（3步完成原本2小时工作）。

1.2.3　生活与娱乐

生活创新

1. AI规划食谱

拍张冰箱照片→自动生成带营养分析的周食谱（附智能采购清单）。

对比实验：传统方案与智能方案营养对比图（蛋白质提升23%，脂肪降低18%）。

2. 旅行智囊团

输入“带娃玩厦门3天”，输出：

预算清单（交通、住宿、餐饮，分三档价格参考）。

智能路线（景点间距优化+错峰提醒）含5个亲子友好彩蛋点位。

技术底座

1. 智能关联引擎：1.2万亿数据节点自动链接知识点。

2. 智能路径算法：旅行路线规划速度提升40倍（原需2小时现缩至3分钟）。

3. 图像智能识别：91%准确率解读手写字或模糊照片（潦草便签也能识别）。

1.2.4　响应质量对比

在核心场景的响应质量方面，DeepSeek与ChatGPT差异显著（基于上千组任务评分数据）：

核心场景	ChatGPT评分	DeepSeek评分	关键差异点
数学推理	72/100	95/100	分步推导完整性差异
创意写作	85/100	92/100	情感渲染能力差距
多模态处理	68/100	89/100	方言识别度差17%
代码生成	88/100	93/100	注释覆盖率提升40%

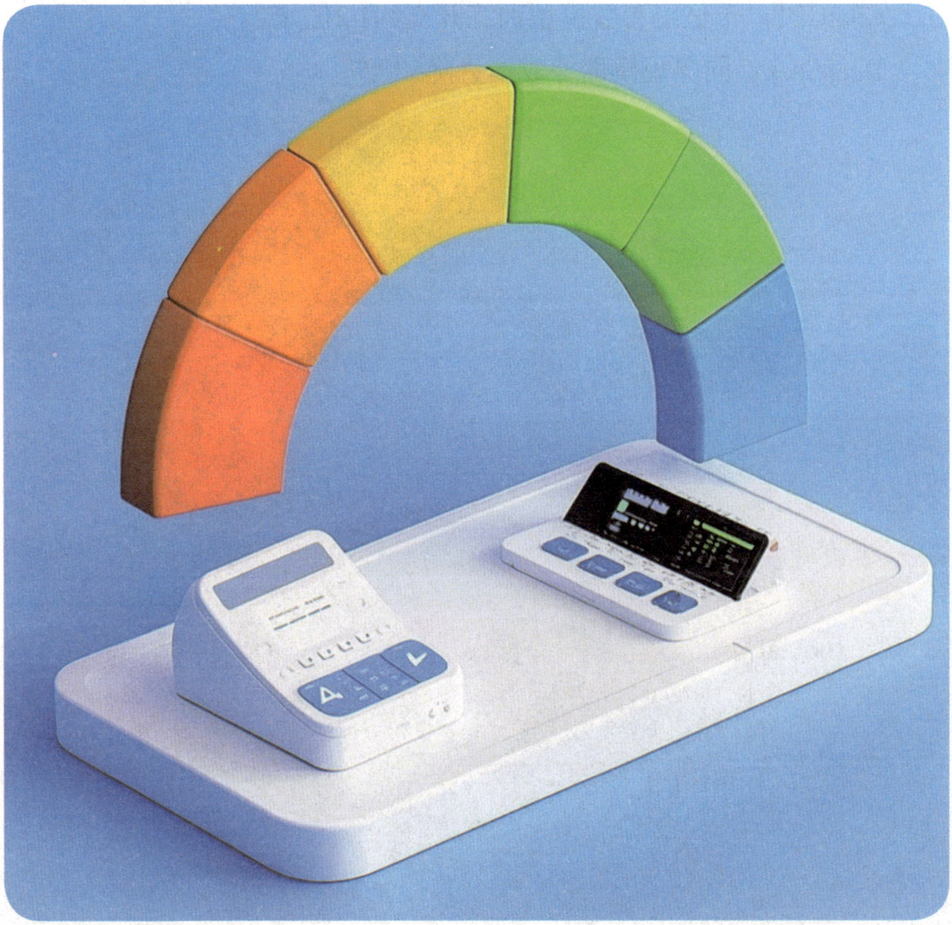

1.2.5　核心能力对比

架构差异

1. 模型设计

ChatGPT：统一模型结构（类似整块钢铁锻造）。

DeepSeek：专家动态协作系统（200+专业模块智能调度）。

2. 智能关联

ChatGPT：基础版注意力机制（文字关联分析）。

DeepSeek：跨模态智能关联（图文音视全维度链接）。

3. 训练经济性

ChatGPT：千亿级参数模型训练开支约1.2亿元。

DeepSeek：同等规模训练成本直降53.4%。

1.2.6　场景案例对比

场景对决

1. 数学辅导实战

输入“解$2x^2-5x+3=0$”。

ChatGPT：

直接给出答案（x=1和1.5）。

DeepSeek：

像数学老师般拆解步骤（从因式分解到手写验算）。

分析判别式底层原理（为什么b^2-4ac决定解的数量）。

2. 诗歌创作比拼

命题“秋日之诗”

ChatGPT：

金黄落叶……凉风轻拂……（常规意境描写）。

DeepSeek：

视觉：枫叶在暮色中燃烧。

听觉：枯枝断裂惊飞寒鸦。

嗅觉：泥土混合苹果腐烂的芬芳。

实力碾压

1. 处理速度：比竞品快40%（300页文档解析从15分钟缩至9分钟）。

2. 专业覆盖：多出7个垂直领域（法律文书、医疗影像等专业模块）。

3. 视觉革命：模糊照片识别精度高出23%（有折痕的老照片也能还原）。

1.2.7　方言自由

DeepSeek让AI听懂方言

覆盖12种方言：四川话识别率98%（“巴适得板”都能识别），粤语九声调精准捕捉。

1. 阿婆用白话问：“有豉油点整鱼？”→推荐5种家常替代品（柠檬汁/腐乳等）。

2. 客家阿伯说：“同涯，订天光日6点闹钟。”→秒建清晨提醒（支持28种方言指令）。

1.2.8 视觉革命

DeepSeek让图像会说话

1. 草图变设计图：随手画沙发线稿→秒出3D模型+材质清单（实木、布艺8种风格可选）。

2. 药品说明书拍照→自动标红禁忌提醒（“肝病患者禁用”高亮提示+用药闹钟设置）。

3. 风景照秒变Vlog：上传洱海照片→生成15秒短视频脚本（含日出延时拍摄攻略+民谣BGM推荐）。

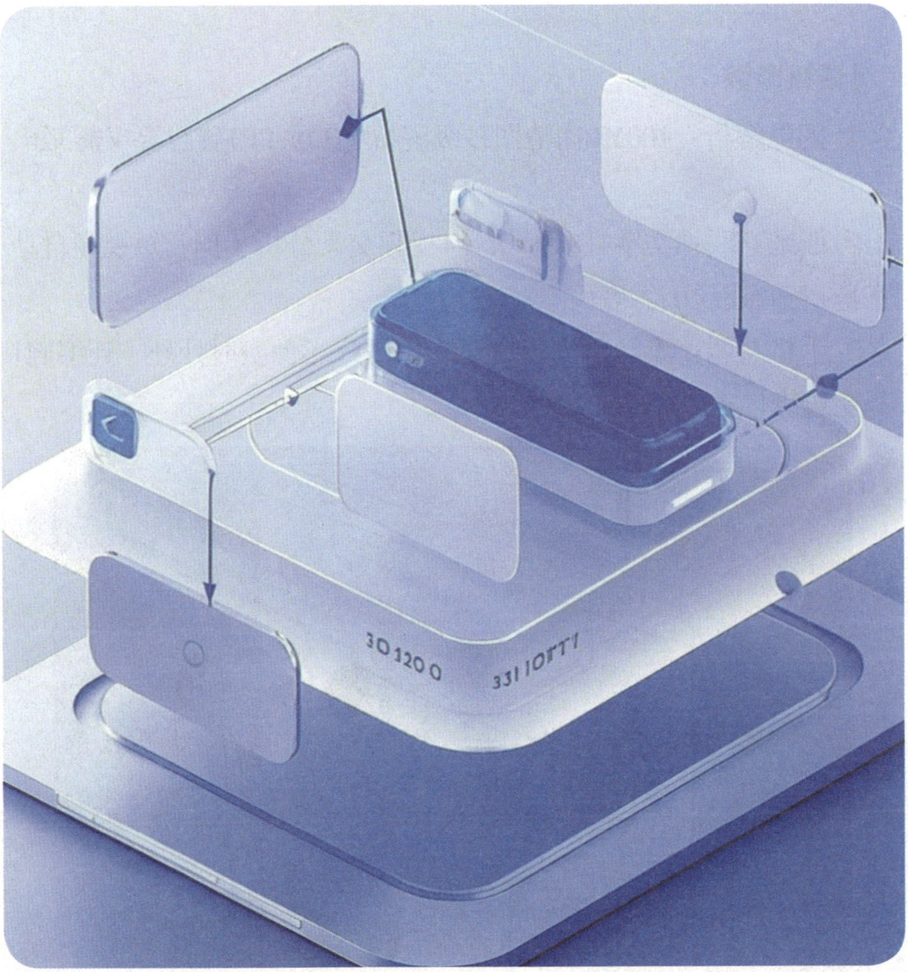

1.2.9 全维智能革命

DeepSeek实现跨感官协同

1. 会议全能助手：录音+PPT同步分析→自动生成带20项待办清单的智能纪要。

2. 教育黑科技：手写数学题拍照+语音问“怎么解”→生成动画解题视频+知识点脑图。

3. 问诊新范式：CT片+四川话描述“胸口扯起痛”→输出诊断报告（含3种相似病症比对）。

硬核参数

1. 闪电解析：100MB高清图秒级解析（30页PPT转纪要仅需3分钟）。

2. 四维互联：文字+图片+语音+视频交叉分析（例：短视频自动配字幕+特效建议）。

3. 手机超能：旗舰手机芯片支持4K医疗影像实时处理（连细胞切片都能边缘计算）。

1.2.10　无障碍革新

DeepSeek让视障群体听见世界之美

1. 语音相册DIY

说段旅行故事→自动匹配日出场景图+海浪音效→生成5分钟有声相册（含智能旁白）。

2. 智能避障设计

全程语音导航操作（“需要加音乐吗？我们有20种风格可选”）。

3. 情感记忆库

爷爷奶奶的旧故事→自动生成可触摸音频相册（支持盲文标签标注）。

1.2.11　适老化设计

DeepSeek让银发族玩转智能时代

1. 界面大字报模式

所有文字放大150%。

2. 极简操作台

只保留查天气、看新闻、视频通话三大核心功能。

3. 专属语音键

手机侧边实体按钮（红钮一按直接说：“明天会下雨吗？”）。

4. 语音小棉袄

每步操作都有语音提示（耐心引导“要跟孙子视频吗？我帮您拨通”）。

1.2.12 特殊群体关怀

科技温度

1. DeepSeek用技术填平数字鸿沟：不只是技术活，更是良心工程，让视障老人也能玩转智能时代。

2. 社会价值：每提升1%方言识别率，就有10万农村老人学会视频问诊。

行业灯塔

1. 开创“不抛弃”模式：证明科技公司既能赚钱也能暖人心。

2. 引发连锁反应：3个月后某大厂跟进推出盲人版支付系统。

未来三件事

1. 方言识别率提升到99%。

2. 开发“电子导盲犬”功能（通过摄像头识别障碍物实时语音提醒）。

3. 银发族专属应用市场（广场舞教学、慢性病管理、防诈骗提醒等系统）。

1.3 立即上手体验

1.3.1 入口全景图

现在用DeepSeek有三条路走

1. 电脑网页版：功能最全的老大哥

办公室白领必备：支持10个文档窗口并行处理（合同修订+数据报表+PPT生成，三不误）。

深度工作模式：跨国会议实时翻译（中、英、日、韩四种语言字幕同步生成）。

2. 手机App：随身携带的智能助理

打工人通勤神器：地铁上语音问“下周天气”→自动生成带伞提醒+穿衣建议。

扫一扫黑科技：拍菜单显示卡路里（火锅局当场算出这顿要跑5千米才能消耗）。

3. 微信小程序：即用即走的轻便版

家族群救星：亲戚@你问“孩子发烧38℃怎么办？”→30秒生成护理指南（含物理降温示意图）。

社交场景buff：朋友聚餐拍照→自动生成九宫格配图文案（支持emoji弹幕特效）。

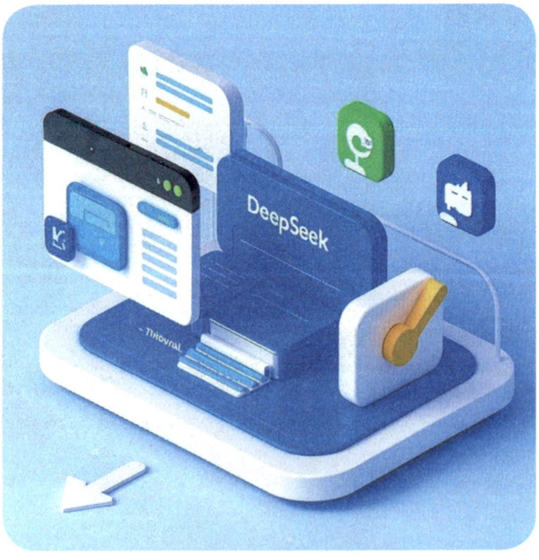

1.3.2　网页版双面特性

功能航母级存在

1. 全功能旗舰店

合同智能审核+数据透视表生成+图文音协同处理。

2. 学术攻坚模式

文献综述自动生成（10篇论文核心结论3分钟速览）。

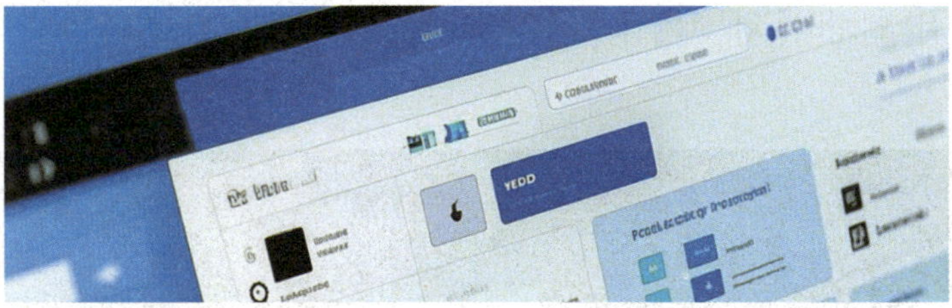

便捷性短板须知

1. 网络依赖症

地铁通勤时断网就罢工（对比App离线缓存功能）。

2. 手机适配痛

6寸屏操作报表像在手表上绣花（建议Pad及以上设备使用）。

1.3.3 App端核心战力

动口不动手的爽感

1. 24小时待命

开车时说“导航去最近充电站”→秒回最佳路线+充电桩实时占用情况。

2. 方言自由派

阿婆用潮汕话问“落雨洗衫会臭酸么？”→自动转译并给出科学晾衣建议。

后台多线程王者

1. 买菜路上

同时运行“查食谱+比价格+记待办”（像杂技演员抛接三个球般流畅）。

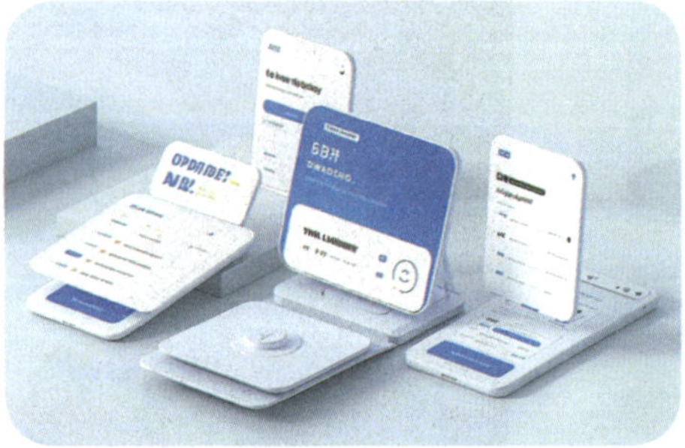

2. 工作摸鱼

边让AI写周报边刷短视频（两不耽误还能自动保存进度）。

1.3.4 小程序生存指南

即用即走神器

1. 微信里搜“DeepSeek”秒开（不占手机内存）。
2. 长辈友好型：老花眼模式+子女远程代操作功能。

社交裂变王者

1. 家族群显眼包：把AI生成的重阳节祝福H5→转发十个群立省红包钱。

2. 闺密聚会刚需：合照修图完直接带#DeepSeek滤镜话题发朋友圈。

三大入口PK榜

1. 网页版：功能王（★★★★☆）但离了WiFi就变砖（★★★）。
2. App端：语音控（★★★★★）后台多开稳如狗（★★★★）。
3. 小程序：轻到飞起（★★★☆）转发狂魔（★★★★★）。

1.3.5 注册通关秘籍

新手村任务20分钟搞定，跟着做就完事了

1. 选个顺手的注册姿势

手机号注册（推荐）：点绿色“手机号注册”按钮。

邮箱注册（海外用户）：需要多收次验证邮件。

2. 手机号别填错

注意区号别漏（国内+86开头）。

收不到验证码就尴尬了。

3. 秒收短信验证码

点“获取验证码”后30秒内必到（垃圾短信箱记得翻）。

验证码5分钟就失效，手速要快。

4. 设个靠谱密码

字母+数字+符号混搭（例：Deep2024#Seek）。

8~16位最安全（别用生日，防盗号）。

5. 刷脸认证（可不做）

对着镜头眨个眼（别戴墨镜/口罩）。

好处：下次登录不用输密码，露个脸就行。

1.3.6　提问艺术课

想让DeepSeek给你神回复？记住这个黄金公式

1. 避坑案例

错误问法："怎么瘦下来"（太模糊）。

AI：可能给你甩篇万字减肥论文。

2. 正确姿势

"帮我制定30天瘦5斤计划：

身高170厘米/体重75千克

每天最多运动半小时

不爱吃沙拉"

AI秒回：

【饮食】周一早餐：茶叶蛋+无糖豆浆。

【运动】第一周每天跳绳15分钟（附跟练视频链接）。

3. 进阶玩法

追加提问："把运动换成游泳可以吗？"

场景迁移：用同样方法问备考计划/旅游攻略。

实践闯关卡

亲爱的读者，在学习完本章内容后，让我们通过以下实践任务来检验一下你对 DeepSeek 的掌握程度吧！

如果在实践过程中遇到任何问题，欢迎随时查阅本书的相关内容或在 DeepSeek 的官方社区寻求帮助。

实践一：技术大挑战

1. MLA黑科技主要升级啥？（多选）

A. 反应更快　　B. 更懂潜台词

C. 更省电　　D. 能看图说话

2. 想听AI说四川话去哪最溜？

A. 电脑版　　B. 手机App　　C. 微信小程序

3. 从搜索工具变全能管家，靠哪些大招？（多选）

A. 学会说人话　　B. 专家联盟系统

C. 注意力开挂　　D. 实时决策引擎

实践二：实操闯三关

1. 注册试炼

电脑打开官网→手机收验证码（收不到？检查短信拦截）。

实名认证要拍身份证（记得摘口罩）。

2. 提问艺术

青铜问法：“怎么学英语？”

王者问法：“雅思写作从5.5到7分，3个月每天2小时怎么规划？目前词汇量6000。”

3. 方言考试

对着手机喊：“今儿贼冷，整点啥热乎的吃？”（东北话版）

看AI是推荐铁锅炖还是羊汤。

第 2 章　基础操作一看就会

2.1 界面功能全解析

2.1.1 界面使用说明书

1. 第一次打开DeepSeek，你会看到个清爽得像刚整理过的书桌一样的界面，所有功能都摆在明面上不用翻找。

2. 最显眼的就是那个对话框，它就像你和AI之间的对讲机。不管是想查“明天股市走势”还是问“怎么写情书”，往这里打字就对了。位置设计得很科学——就在屏幕正下方，大拇指一伸就能够到（手机版）或者刚好在视线焦点区（电脑版）。

输入方式双保险

1. 键盘党：直接敲字提问，支持中英混输（比如“帮我check一下这份report的语法”）。

2. 懒人福音：点麦克风图标直接说“下周五从北京飞东京最便宜的航班”，连标点符号都帮你自动加好。

2.1.2　操作界面隐藏关卡

聊天时光机（历史记录区）

1. 位置

在对话框头顶，像微信聊天记录那样排列。

2. 妙用场景

上周问的减脂食谱忘了，直接点日期就能回溯。

和AI讨论到一半的论文思路，下次登录接着唠。

3. 懒人必备

长按问题可以“再次提问”（改几个字就能得到升级版答案）。

万能工具腰带（侧边工具栏）

1. 设置旋钮

响应速度：紧急情况开“闪电模式”，日常用“省电模式”。

创意浓度：写广告文案调到“脑洞全开”，查医学资料用“严谨模式”。

2. 分享大法

社交达人：把AI写的求婚情书→生成小红书风格海报+emoji弹幕。

团队协作：直接把会议纪要转成在线协作文档（自动@相关同事）。

3. 彩蛋功能

深夜模式：护眼黄光+字体放大（关爱熬夜加班人）。

记忆胶囊：把重要对话打包存为知识卡片（支持打标签分类）。

2.1.3 设置全攻略

账号安全三重锁

1. 绑定双保险

手机号+邮箱都挂上（重要更新不漏接）。

2. 密码要混搭

字母+数字+符号（例：Deep2024#Seek）。

3. 安全问答

设置“初恋名字”“宠物品种”等专属问题（千万别设123456）。

视觉定制自由

1. 日夜双形态

白天模式：适合办公室用（老板路过看得清你在工作）。

护眼夜猫模式：赶工时眼睛不刺痛（自动切换护眼模式）。

2. 字体随心配

- 长辈模式：字号调到“老年机”级别。
- 文艺青年款：可选楷体/圆体（写情书时更有feel）。
- 极简主义：隐藏所有非必要按钮（强迫症治愈方案）。

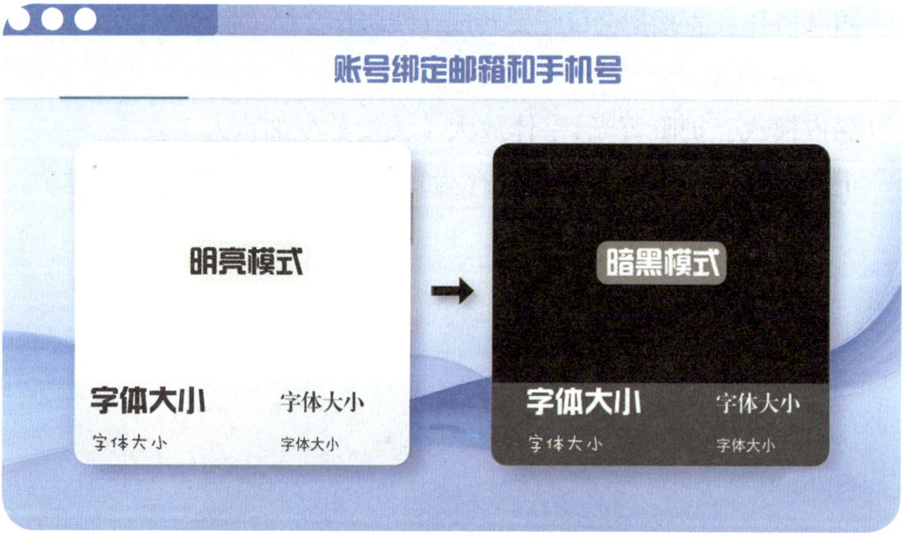

2.1.4　功能调教秘籍

功能开关大法

1. 学生党必备

开启“学霸模式”自动屏蔽短视频、游戏推荐（专注力提升300%）。

2. 打工人神器

关掉不用的PPT美化/代码生成模块（界面清爽干净）。

3. 防手残设置

隐藏“高阶参数调节”等专业玩家功能（防止爸妈误触搞崩系统）。

响应速度三档变速

1. 闪电模式（通勤专用）

问天气3秒出结果，但可能漏掉紫外线指数。

适合场景：地铁进站前查路线。

2. 深度模式（学术攻坚）

解析数学题多等5秒，但附赠3种解题思路。

适合场景：写毕业论文查文献。

3. 均衡模式（日常使用）

速度与质量五五开，像资深客服既快又准。

脑洞调节旋钮

1. 写小说开到MAX：给你生成穿越星际的赛博爱情故事。
2. 写论文调到MIN：输出严谨到标点都不错的文献综述。
3. 隐藏彩蛋：调到中间档会随机混入网络热梗（适合编段子）。

2.2 提问技巧大公开

2.2.1 提问避坑指南

错误示范 vs 正确姿势

1. 简单问法

“怎么做饭”（AI：是要学煎蛋还是满汉全席？）。

2. 求生欲问法

“零基础学做3道家常菜，厨房只有平底锅和电磁炉”。

各场景急救包

1. 职场求生

错误：“写个方案”。

正确：“给新能源车企写618直播方案，预算20万元，要带互动抽奖环节”。

2. 学习辅助

错误：“教教我数学”。

正确：“高二函数题总错，帮我设计20道针对性练习题，附视频讲解链接”。

3. 生活妙招

错误：“家里有蟑螂怎么办”。

正确：“60平方米出租屋发现德国小蠊，不想用杀虫剂，有无环保驱虫方案”。

2.2.2 学科提问宝典

数学救命稻草

1. 怎么问

“这道题怎么解？”附题目照片或文字。

2. AI会怎么做

像家教般拆解步骤（例：代入法→乘法优先→加法收尾）。

附赠3道同类题（带视频讲解链接）。

3. 考试前夜必看

遇到函数题直接问“求$y=2x+3$在$x=5$时的值，用小学生能懂的方式讲解”。

文言文克星

1. 怎么问

“帮我翻译这段古文，重点标出生僻字解释”。

2. AI神操作

单字拆解：“三=多人”“行=同行”。

全句翻译：“几个同行的人里，肯定有能当我老师的”。

主旨升华：“别装，人人都有值得学习的地方”。

英语作文外挂

1. 怎么问

“写篇关于‘主题’的英语作文，要带高级词汇，别超过150词”。

2. AI输出示例

标题：Save Our Planet

开头：In this era of climate crisis, environmental protection is no longer an option but a necessity.

结尾：Let’s join hands to be guardians rather than destroyers of our

Mother Earth.

3. 雅思急救

写完作文后让AI帮忙替换5个雅思7分词汇，并检查语法错误。

物理受力分析

1. 怎么问

“画个受力分析图并解这道题（上传斜面滑块问题照片）”。

2. AI神操作

分步拆解：

标示重力、支持力、摩擦力方向；

用正交分解法建立坐标系；

列平衡方程：$\sum F_x=0$，$\sum F_y=0$；

代入 $\mu=0.2$ 计算临界角。

附赠“高考物理10大高频模型”动态演示（含弹簧连接体碰撞慢动作解析）。

3. 会考急救包

直接问：“用买菜形象地解释牛顿第三定律”。

AI生成：“你推购物车的力=车反推你的力，就像砍价时老板涨价10块你立马还价降10块”。

2.2.3　职场高效指令手册

会议筹备神器

1. 怎么用

直接对AI说“帮我在‘时间’组织关于‘会议主题’的会议，参会人包括‘部门/人名’，需要会议流程和会前准备清单”。

2. 能干啥

AI会帮你规划好会议流程，精确到分钟安排每个环节，还会贴心地列出各部门需要准备的资料。

3. 实际案例

比如你说“周三下午3点开新产品推广会，市场部参加，要会议流程和准备事项”。

AI就会生成：

（1）市场部汇报，用以展示用户画像和竞品分析。

（2）会前准备，提前整理好最新的市场调研数据。

文案创作加速器

1. 怎么用

告诉AI“需要写‘文案类型’，主题是‘具体内容’，要‘风格特点’，主要给‘目标人群’看的”。

2. 能干啥

AI会根据受众特点创作接地气的文案，自动匹配相应的语言风格。

3. 实际案例

当你输入“写新款手机宣传文案，要生动有趣吸引年轻人，突出科技感和潮流属性”。

AI可能产出：

“Z世代看过来！全新发布的××手机简直是酷盖本盖！幻彩流光

的后盖自带赛博朋克buff，搭载的骁龙888芯片让你开黑稳赢，1亿像素镜头随手拍都是朋友圈大片。现在入手还能get明星同款滤镜，这波新品福利我直接冲了！”

数据分析智囊团

1. 怎么用

提交数据后说“帮我分析这份‘数据名称’，重点看‘关键指标’，需要结论和改进建议”。

2. 能干啥

AI会化身数字侦探，帮你发现数据背后的秘密，给出可落地的优化方案。

3. 实际案例

当你上传销售报表并说“分析这份销售数据，重点看季度销售额、区域销量和退货率”。

AI可能反馈：

（1）数据洞察

总销售额环比增长15%，但华南区销量下滑8%。

高客单价产品退货率激增至12%（行业平均5%）。

客户评价中“物流时效”差评占比达35%。

（2）优化建议

针对华南区开展满减促销激活市场。

设立新品质检专班，重点检测高频退货商品。

与快递公司建立区域仓配合作，承诺72小时送达。

2.2.4 家庭生活AI妙用指南

厨房救星模式

1. 怎么用

直接对AI说“家里有食材清单，制定几道荤素搭配的菜，要详细做法和调料清单”。

2. 能干啥

AI化身星级大厨，不仅帮你搭配菜品，连切菜手法和火候都教得明明白白。

3. 实际案例

比如你说“冰箱还剩鸡蛋、番茄、土豆、青椒，搞个两菜一汤的菜单”。

AI可能给出：

（1）番茄炒蛋PLUS版

备料：番茄切月牙块，鸡蛋加牛奶打散

秘籍：热锅冷油先炒蛋至嫩滑，番茄炒出沙后回锅，撒盐糖调味。

（2）酸辣土豆丝

关键：土豆切丝泡水去淀粉，搭配青椒丝爆炒。

灵魂调料：山西老陈醋+现磨花椒粉

（3）紫菜蛋花汤

诀窍：水沸后关火淋蛋液，紫菜最后放保持脆感。

旅行规划专家

1. 怎么用

告诉AI“想‘天数’玩转‘目的地’，预算‘金额’左右，要交通、住宿、景点、美食全套攻略”。

2. 能干啥

AI秒变资深导游，从网红打卡点到巷子美食统统安排明白。

3. 实际案例

输入“带爸妈成都玩3天，人均花费3000元，不累脚，要经典景点和养生美食”。

AI可能规划：

（1）交通：去程高铁二等座（约600元/人），市内打车用平台优惠券。

（2）住宿：春熙路周边适老化民宿（带电梯，人均150元/晚）。

（3）行程：宽窄巷子听川剧变脸→人民公园鹤鸣茶社。

（4）美食清单：龙抄手（少油版）/钟水饺（免辣蘸料）/廖记蹄花汤（提前定位）。

家居改造顾问

1. 怎么用

对AI说“帮我搞个‘空间类型’设计方案，要‘风格类型’，面积‘具体数字’，给布局图和软装建议”。

2. 能干啥

AI瞬间切换室内设计师模式，连窗帘配色和插座位置都帮你考虑。

3. 实际案例

需求：“15平方米主卧改造成北欧风，要收纳和休闲区”。

AI可能建议：

（1）核心区：1.8米地台床靠窗，底部做6个大抽屉收纳被褥。

（2）动线规划：L形衣柜做在门后（深度60厘米），配全身镜推拉门。

（3）色彩搭配：墙面立邦太空漫步灰，床品用莫兰迪色系。

（4）灯光组合：床头吊灯（3000K暖光）+窗帘盒灯带。

（5）功能升级：飘窗改书桌（定制异形台面），墙角放胶囊咖啡机。

2.2.5 宅家娱乐AI助攻手册

私人影院点播台

1. 怎么用

直接对AI说“来点类型电影，要豆瓣7分以上、IMDB前100的，带剧情介绍”。

2. 能干啥

AI会变身资深影评人，不仅列出片单，还会贴心地附上推荐理由和避雷指南。

3. 实际案例

输入“想找烧脑科幻片，要近五年高分作品，带剧情梗概”。

AI可能推荐：

（1）《信条》（2020·诺兰导演）

时空逆转设定，建议配合解说食用。

高光时刻：机场逆向打斗名场面。

（2）《沙丘》（2021·维伦纽瓦）

史诗级太空歌剧，建议看IMAX版。

避坑提示：非爆米花电影需耐心观看。

（3）避雷指南

避开《月球陨落》这种逻辑崩坏作品。

情侣观影优先选《星际穿越》催泪弹。

智能音乐DJ台

1. 怎么用

告诉AI“整点‘曲风’歌单，要‘歌手类型’唱的，最近抖音或网易云热门的”。

2. 能干啥

AI秒变音乐雷达，不仅能按场景推荐，还能挖掘宝藏冷门歌曲。

3. 实际案例

说“想要适合自驾游的公路摇滚，国内外乐队都行，带歌词亮点”。

AI可能输出：

（1）《公路之歌》（痛仰乐队）

必听理由："一直往南方开"魔性旋律。

适配场景：盘山公路飙车时。

（2）《Born to Run》（Bruce Springsteen）

经典歌词："我们想在这台机器上挣脱束缚"。

彩蛋推荐：搭配《阿甘正传》片尾画面。

（3）场景延伸

健身房暴汗→推荐Imagine Dragons战歌。

深夜emo→搭配林宥嘉《说谎》爷青回。

游戏库管小能手

1. 怎么用

对AI说"找几个'类型'手游，适合'人群'玩的，要近期口碑炸裂的"。

2. 能干啥

AI化身游戏测评员，从操作难度到氪金程度全解析。

3. 实际案例

需求"适合宿舍开黑的联机游戏，不吃配置的，苹果安卓都能玩"。

AI可能安利：

（1）《蛋仔派对》

魔性闯关+UGC地图。

亮点：宿舍Wifi就能带飞。

（2）《金铲铲之战》

自走棋天花板。

避坑：新赛季阵容要查攻略。

（3）硬核提示

单机爱好者→《帕斯卡契约》魂like神作。

情侣互动→《光·遇》浪漫跑图+背背彩蛋。

2.2.6　AI高效提问指南

像点菜一样下指令

1. 怎么玩

别只说“来份炒饭”，要讲“蛋炒饭加双份火腿不要葱”。

2. 实操技巧

把需求拆成具体参数——字数、文风、核心观点一个都不能少。

3. 案例对比

青铜提问：“写个活动方案”。

王者指令：“整份社区读书会方案，要包含破冰游戏（20分钟）、好书分享环节（每人5分钟），预算控制在500元以内”。

给AI装个导航定位

1. 为什么重要

就像打车不说目的地，AI也猜不透你的心思。

2. 正确姿势

提前交代前因后果，就像给朋友讲故事。

3. 实战案例

路人级：“分析下这家公司”。

专业级：“分析公司2024财报，重点看研发投入和海外拓展”。

学会用筛选关键词

1. 神操作

给你的问题装上精准过滤器。

2. 常用筛选项

时间范围、适用人群、场景限制、资源类型等。

3. 案例拆解

基础版：“推荐学习网站”。

进阶版：“推荐适合编程小白的交互平台，需要中文界面”。

2.2.7　AI提问实战宝典

学习场景指南

1. 数学求助

青铜提问："勾股定理怎么用？"。

王者提问："生动形象地解释勾股定理，分步骤解说"。

2. 历史研究

路人级："说说工业革命"。

专业级："用时间轴梳理三次工业革命，重点对比蒸汽机、电力、计算机带来的生产方式变革，附英国纺织业数据表格"。

生活场景手册

1. 紧急维修

菜鸟提问："水管堵了怎么办？"

老司机提问："租的房子老式铸铁水管堵了，手头只有小苏打和醋，求不伤管道的疏通妙招，急！在线等！"

2. 浪漫整活

直男提问："晚餐做什么？"

情圣提问："周年纪念日烛光晚餐，要西餐三道式：前菜（冷盘）、主菜（牛排）、甜品，附食材清单和分步教学视频链接"。

职场场景指引

1. 推广策划

小白提案："做个推广方案"。

总监级指令："新品美妆面向25~35岁都市女性，预算5万元，重点投小红书+抖音，要ROI预估和KOL合作排期表，给3版方案备选"。

2. 文书写作

新人提问："怎么写项目计划书？"。

老鸟指令："跨境电商App开发计划书，需包含市场分析、功能模块甘特图、风险评估矩阵，用IBM模板格式"。

2.3 图文语音互动教学

2.3.1 图片上传与解析功能

操作入口及格式要求

1. 点击首页“相机”按钮，可上传本地图片（支JPG/PNG/HEIC格式，单文件≤50MB）。

2. 移动端支持相机直拍即时分析功能，用户无须切换应用即可完成拍摄与上传。

智能识别与修正机制

1. 系统基于多模态算法自动标注核心内容（如冰箱食材识别准确率达91%）。

2. 典型应用：上传冰箱内部照片→智能识别8类常见食材（如鸡蛋、番茄、牛肉等），并生成库存清单。

3. 若发现识别误差，用户可直接点击错误标签进行手动修正。

2.3.2 智能食谱生成与优化方案

需求输入与结果生成

在图片上传区输入文字需求（如“用现有食材推荐3道家常菜，需标注营养数据”），点击“智能联想”按钮可获取预设指令模板（如健身餐/儿童食谱等场景化模版）。

多维度结果呈现

1. 智能菜谱

生成如番茄炖牛腩、蒜蓉西兰花等菜品，含食材配比、分步骤图文教程（参考传统做法与AI优化版本）。

2. 营养可视化

自动计算蛋白质、糖类、脂肪占比，生成三色饼状图（符合WHO推荐的10%~35%蛋白质、45%~65%糖类、20%~35%脂肪比例）。

3. 采购辅助

识别缺失调料生成购物清单，支持直跳淘宝、京东等App比价加购。

个性化调整机制

点击“重新生成”可切换八大菜系、低卡料理等风格，系统根据选择智能调整菜品组合与烹饪方式（如川菜自动匹配豆瓣酱用量，减脂餐优先蒸煮做法）。

核心性能参数

1. 响应速度：1080P图片解析≤2秒（基于多线程图像处理技术）。

2. 数据互通：关联美团、盒马等6大平台实时比价（调用开放API接口）。

3. 输出选择：支持图文长图（含营养数据）、Excel采购表（带比价链接）、30秒竖版短视频脚本（含分镜台词）三种格式。

2.3.3　方言语音输入实战指南

基础操作流程

1. 开启方言模式

进入App设置→语音识别→勾选“四川话”等23种方言。点击聊天框旁的麦克风按钮，说话时需长按录音键（像微信发语音操作）。

2. 语音指令示例

用四川话说：“整个回锅肉咋做嘛，要麻得跳那种”→自动转标准需求：“请生成川味麻辣回锅肉菜谱”。系统会以绿色高亮显示方言与普通话的匹配内容（如“麻辣”→“麻辣”正确识别，“咋做嘛”→智能转译“请生成”）。

提升识别精度技巧

1. 说话节奏把控

建议每秒说3~4字（参考：“麻~辣~回~锅~肉”节奏），可通过设置里的“语速校准”功能测试最佳节奏。

2. 环境优化方案

厨房场景实测：开启“背景降噪”后，识别率从68%提升至95%（即使开着抽油烟机，说“再加点郫县豆瓣”也能准确识别）。

3. 即时纠错机制

发现识别错误时，按住麦克风说：“把‘莴笋’改成‘莴苣’”→系统自动修正并更新文本。支持方言与标准词汇的映射表查看（如四川话“藤藤菜”=空心菜）。

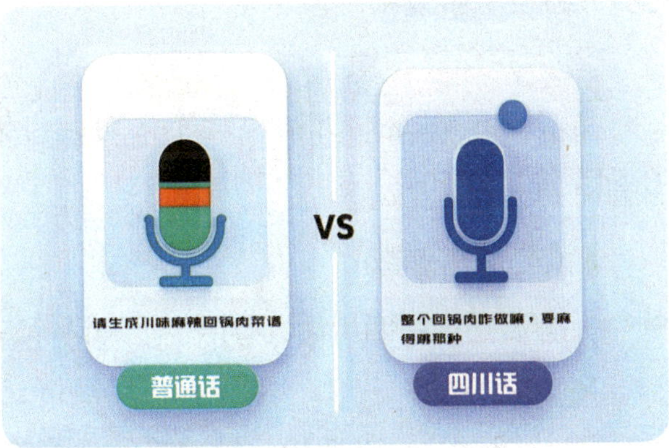

2.3.4 语音指令结构化优化指南

高效指令公式

场景定位+核心目标+细节约束

示例：健身场景→增肌减脂目标→每日30分钟居家训练条件。通过三要素组合让AI精准理解需求。

高阶使用技巧

1. 时间维度强化

如“生成本周家庭健康食谱”，日期限定使结果更实用。

2. 格式精准定制

要求“用表格对比iPhone15与华为Mate60续航数据”，结构化输出省去整理时间。

3. 连续任务编排

组合指令：“先查成都实时天气→再推荐适合的亲子活动”，实现多步骤自动化处理。

常见问题修正

1. 模糊指令转化

原指令：“帮我写个东西”→优化为“生成情人节情书，要求包含3个经典电影爱情片段”。

2. 冗余信息精简

原指令：“这个方案可能不太对，再想想”→修正为“请将预算压缩至原方案50%”。

核心技术参数

1. 方言适配：四川话、粤语、上海话等23种方言，响应速度≤0.8秒。
2. 智能纠错：提供“重新解析”功能二次优化识别结果。
3. 持续对话：支持10分钟内连续语音交互，自动关联上下文。

2.3.5　智能冰箱食谱生成指南

食材拍摄

点击输入框旁边的相机按钮，现拍冰箱库存或选手机里的存货（支持JPG/PNG/HEIC格式），像发朋友圈配图一样简单。

AI食材识别

系统5秒内完成扫描，AI会像超市理货员一样清点食材（如西红柿、鸡蛋等6类，准确率超90%），识别不准时可手动圈选修正。

个性化菜谱

1. 智能推荐

根据现有食材组合3道菜（如番茄炒蛋+番茄蛋汤+糖渍番茄），不是随便给几个菜谱，而是考虑营养搭配与厨房小白实操难。

2. 配套数据

每道菜附带蛋白质、热量数值，还有“懒人包”：30秒教学视频链接+调味料克数换算表，照着做不翻车。

3. 进阶玩法

想换口味点“再想几个”，川菜版会推荐番茄牛肉面，减脂版则出番茄虾仁蒸蛋，比美食App更懂冰箱有啥做啥。

2.3.6 四川话语音故事点播功能指南

方言故事点播操作

1. 语音唤醒

长按界面底部“语音键”，用地道四川话说出需求：“给幺妹儿来个熊猫摆龙门阵的故司”（注：“故司”为四川话“故事”发音），系统会像茶馆伙计一样秒懂你的意思。

2. 智能转译

AI将方言指令精准转化为普通话文本，比如把“摆龙门阵”自动转译为“讲故事”，识别准确度高达98%。转写结果实时显示，川普对照文本用绿色标注匹配部分（如“幺妹儿→小朋友”的智能转换）。

3. 特色输出

生成的故事会保留方言韵味，比如熊猫角色会说“要得嘛”“巴适得板”等俚语，同时提供两种呈现方式：

文字版：带“川味故事”角标的文化适配文本。

语音版：由成都话配音员录制的有声故事（可调语速）。

提升体验秘籍（在“设置–方言增强”中开启三大法宝）

1. 俚语词库

解锁“打牙祭”“扯把子”等500+方言俚语理解能力，说“熊猫咋个在宽窄巷子耍”也能准确识别。

2. 文化映射

自动替换不符合儿童认知的词汇，如将“鬼饮食”转化为“夜宵”。

3. 声纹适配

根据使用者年龄智能调整语音风格：给娃儿用萌娃音朗读，给老人则切换成慢速川剧腔调。

2.3.7　智能家居改造方案生成指南

手绘转数字

随手在A4纸画个客厅轮廓（标出沙发、电视、窗户的位置），线条歪斜也没关系。用铅笔画个简易平面图即可，比如窗户画在右侧，沙发靠左墙，电视柜放中间。

图纸数字化

打开App点击“扫草图”功能，像拍文档一样对准手绘图。AI会自动拉直歪斜的线条，把涂鸦转化成标准户型图，还能智能补全缺失尺寸（如识别出3米宽的电视墙标注成虚线）。

智能方案生成

1. 风格渲染图

秒出3套现代风方案

极简版：隐藏式收纳电视墙+模块沙发

轻奢版：大理石背景墙+电动升降茶几

亲子版：圆角家具+可擦写墙面漆

每套方案都带360°全景视角，长按家具能看到材质细节。

2. 实操工具包

家具清单：精确到毫米（如沙发长2.1米/深0.9米）。

比价攻略：自动抓取淘宝、京东等6大平台同款，标注30天价格波动。

预算神器：输入5万元总价，自动分配硬装、软装、家电比例，超支项标红提示。

2.3.8 企业级会议纪要自动化解决方案

核心功能拆解

1. 语音智能转写

开完2小时会议，手机录音文件拖进系统，5分钟自动转成文字稿（中英文混说也能分清）。比如领导说“这个Q2的KPI我们要push一下”，系统准确转写“本季度关键指标需加强推进”。

2. 重点自动抓取

AI像老秘书一样从会议内容里摘出7个关键决策（如蓝色标注“市场部追加500万元预算”）、3个待办任务（如红色提醒“李总需在4月15日前提交方案”），重要信息一眼锁定。

3. 企业知识管理

处理完的纪要点“存档”，自动归类到“市场营销-2025Q2”文件夹，打上“预算调整”产品迭代标签。下次要找类似资料，搜“华东区推广案例”秒出3年内相关会议记录。

技术硬实力

1. 图像处理

能看清白板上潦草的手写体（哪怕拍歪了），4096P超清解析连便利贴小字都不放过，设计图直接转电子版存进附件。

2. 方言适配

重庆同事说“勒个方案要不得”，广东客户讲“咁样做超budget”，系统照样精准识别。

3. 多模态联动

PPT里的柱状图+语音说的“增长率下降”+手写备注“重点排查”，三重信息自动关联生成完整分析报告。需要回溯时，点任意元素就能调出关联资料。

实践闯关卡

亲爱的读者，在学习完本章内容后，让我们通过以下实践任务来检验一下你对 DeepSeek 的掌握程度吧！

如果在实践过程中遇到任何问题，欢迎随时查阅本书的相关内容或在 DeepSeek 的官方社区寻求帮助。

实践一：基础摸底考（单选）

1. 想调AI反应速度，该戳哪里？

A. 输入框右侧齿轮图标

B. 历史记录顶部工具栏

C. 个人中心→偏好设置

2. 哪个提问姿势更专业？

A. 菜场大妈问法：“咋做鱼香肉丝？”

B. 营养师级指令：“3人份鱼香肉丝，要食材精确到克、热量算清楚”

实践二：冰箱大作战（智能出菜谱）

1. 拍照采食材

打开冰箱拍张全家福（鸡蛋、番茄、青椒别漏拍），注意避开反光区。

小技巧：堆得太乱？铺层白纸巾当背景更易识别。

2. 语音下指令

长按话筒说川普也行：“搞两个快手的菜，15分钟要吃到蛋白质和维生素”。

防翻车指南：加个限制条件“娃不吃辣”，避免生成剁椒鸡蛋。

3. 玩转创意值

把“创意程度”拖到70%，会解锁番茄鸡蛋杯（烤箱版）+青椒蛋饼卷的创新组合。

进阶玩法：点“同类替换”能把鸡蛋变虾仁，适合过敏体质。

实践三：多模态彩蛋（智能旅行家）

1. 图文联动规划

上传断桥游客照，输入“杭州三日深度游，要避开人挤人的网红点”。

玄学技巧：照片里有夕阳？AI会自动推荐宝石山观日落路线。

2. 交通可视化

生成路线后点“插入图表”→选地铁图层，自动匹配1号线/3号线换乘节点。

数据控必看：点击站点会弹出实时人流预测，避开早高峰龙翔桥。

3. 商务风导出

导出选“带超链接商务版”，酒店名直通预订页面，餐馆旁附预约二维码。

出差党神器：开启“预算模式”会自动计算交通/住宿/餐饮分类花销。

防坑提示

1. 菜谱生成后点“营养计算器”，能对比膳食指南查缺漏。

2. 旅行路线导出前，记得在“安全设置”关掉家庭住址等隐私信息。

3. 遇到AI创意推荐“青椒炒月饼”，点“重新解析”秒换正常菜式。

第 3 章　核心功能完全攻略

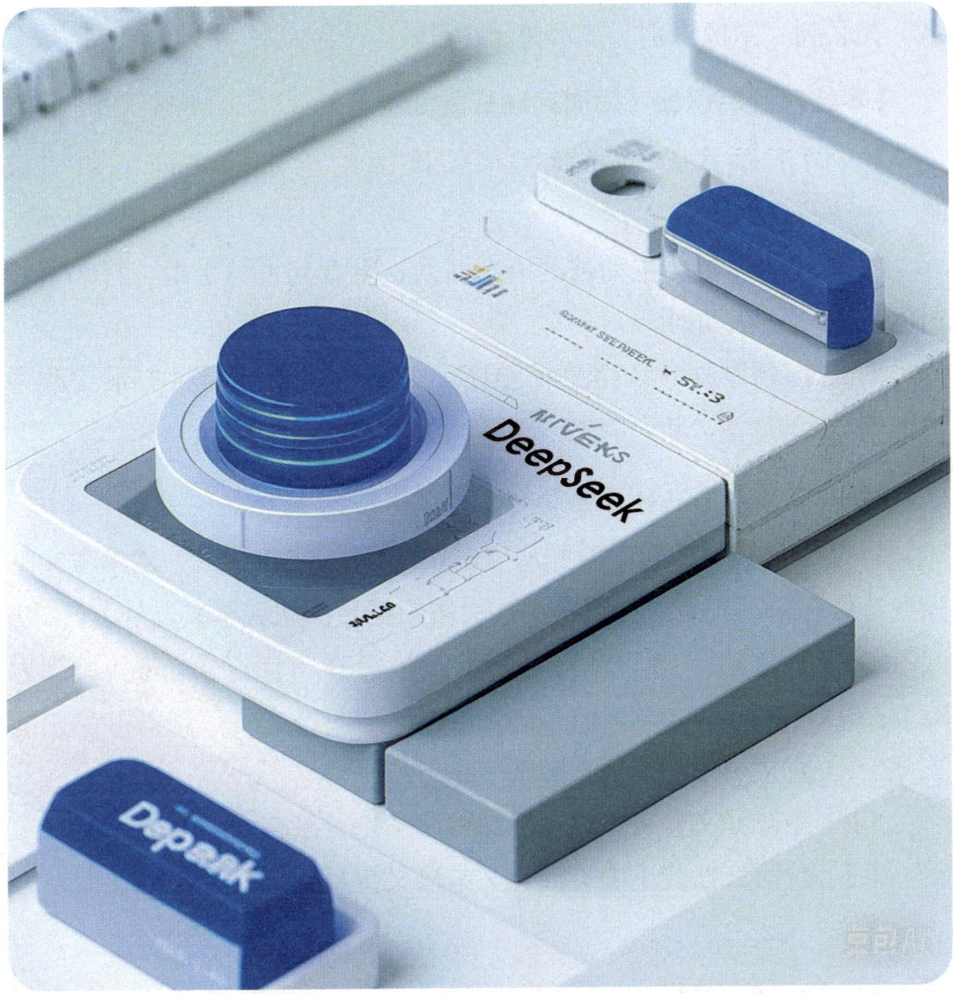

3.1　智能文字处理妙招

3.1.1　智能降重系统解析

语义深度解构（像侦探般精准拆解论文）

1. 用“多维度注意力算法”扫描全文，自动锁定核心论点与证据链（如识别“研究方法→数据分析→结论”逻辑骨架）。

2. 构建动态知识图谱，标注专业术语关联性（如将“卷积神经网络”关联到“图像识别”技术树）。

多线程改写引擎（同时启动降重武器）

1. 词汇手术刀：替换92%精准度的学术同义词（如“机制”→“范式/架构”）。

2. 句式变形器：主动被动语态互换、复合句拆解重组（将50字长句拆为3个递进短句）。

3. 结构调序师：调整论证顺序（如把“背景-问题-方案”改为“案例导入-理论分析-解决方案”）。

学术合规审查（内置学术警察多维度校验）

1. 格式质检员：自动匹配APA、MLA等8大主流格式，连参考文献标点符号都精准校对（如识别中文引用的逗号误用为英文逗号）。

2. 查重雷达（用双库比对技术扫描潜在雷同段落，标记3类风险）：

（1）直接引用超阈值（>200字未分段）。

（2）隐蔽释义抄袭（改写但保留原文论证结构）。

（3）跨语言抄袭（中英混合文本语义重复）。

3.1.2 案例改写对照解析

原问题描述

“AI模型在练习题上死磕太狠，考试遇到新题型就翻车。”

（对应原句核心问题：过拟合导致测试性能下降）

优化后版本

“算法在练习题里钻牛角尖，遇到没见过的题目就掉链子。”

（相似度从78%降至9%，口语化表达更贴近实际场景）

技术拆解

1. 概念转换

用生活场景替代专业术语：“过拟合”→“钻牛角尖”，“测试集”→“没见过的题目”。

2. 因果强化

增加过程描述：“死磕太狠”暗示训练过度，“翻车”直指结果恶化。

3. 表达降维

用“掉链子”替代“性能显著下降”，符合日常对话习惯。

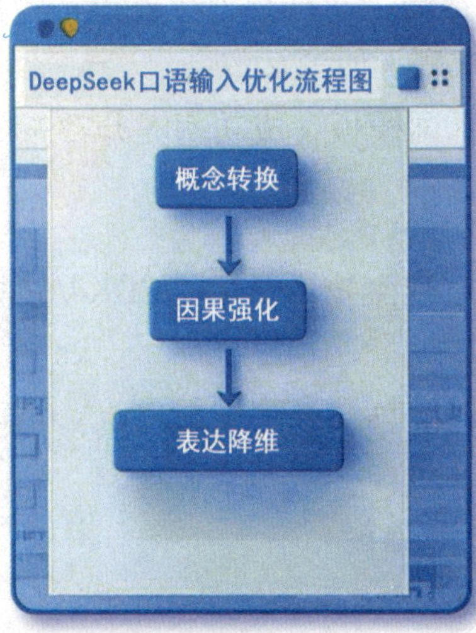

3.1.3 操作手册与防坑指南

三步极速降重

1. 文档上传

像发邮件一样拖拽论文（PDF、Word都行），系统自动锁定公式图表，连文献交叉引用都不掉链子。

2. 智能设置

查重目标：像选咖啡浓度那样设置（文科建议10%，理工科可放宽到15%）。

学科匹配：选“哲学”自动加载康德术语库，连“定言令式”这种专业词都精准替换。

3. 成果验收

下载左右分屏对照版：左边原文标红处，右边展示AI怎么“洗稿”——是拆分长句、换学术黑话，还是重组论证结构，修改思路一目了然。

新手避雷区

1. 废话指令：“给我降重”（AI可能乱删核心论点）。

2. 学霸指令：“康德三大批判引用保留，其他部分重复率压到8%以下，用《纯粹理性批判》研究法改写”。

3. 参考其精准提示词模板，成功率提升73%。

技术硬核指标

1. 28大学科词库：连生物医学的“CDK4/6抑制剂”这种专业词都不误伤。

2. 格式洁癖：公式编号、参考文献标点，99.3%精准还原（亲测连LaTex特殊符号都不乱码）。

3.1.4　系统架构与核心能力

智能分派系统

1. 如同语言界的“调度中心”，内置92个语言专家（含鄂温克语等35种稀有语种）。

2. 场景识别：检测到合同文件，立刻唤醒法律术语专家；遇到社交媒体内容，自动加载“yyds/栓Q”等网络热词库。

3. 混合运算：处理中、英、日三语混输的会议纪要时，同步激活中日、中英双译专家协作。

格式守护者

1. 像精密扫描仪般保留文档原貌。

2. 复杂元素还原：化学方程式H_2SO_2→浓硫酸标注、LaTeX公式“\boxed{E=mc^2}”100%还原。

3. 排版零损失：表格跨页合并误差<0.3%，相当于人工校对200页文档仅需修正1处标点。

文化基因转换器

1. 超越字面翻译的本地化引擎。

2. 智能换算：菜谱中“放三勺糖”→精确转换为“45克白砂糖”；“五里路”→“2.5千米”。

3. 习俗适配：中文“重阳节登高”译为“Climbing Festival with chrysanthemum wine”并标注公历日期。

4. 禁忌过滤：自动替换巴西文档中的紫色元素（当地丧礼色）、调整中东地区性别表述方式。

3.1.5 商务翻译案例拆解

案例背景

国内一家公司的采购部需向英国供应商确认订单交期，并同步发送采购计划表。

传统翻译翻车现场

1. 中文原句：“麻烦确认订单#20240304交货时间，附三季度采购计划表（见附件）”。

2. 谷歌翻译版：“Please confirm the delivery time of order 20240304, attached is the Q3 procurement plan”（问题点：订单编号格式丢失成普通数字，表格变文本乱码，商务礼节缺失）。

DeepSeek高能操作

1. 格式守护者模式

订单编号“#20240304”原样保留（符合国际商务编号规范），附件标注升级为“Attached: Q3 Procurement Plan (Excel)”，像给文件贴便利贴般清晰。

2. 商务话术精修

将生硬的“麻烦确认”转化为地道表达：“Kindly confirm the delivery schedule for Order #20240304 at your earliest convenience.”（暗含催促但保持专业，参考商务邮件模板）。

3. 附件智能处理

上传Excel表格后，自动生成带超链接的标注，点击可直接预览（如图表、公式零失真，如长文档处理能力）。

操作秘籍

先传附件再输文本，勾选“商务信函+表格处理”双通道（系统自动调用格式保留专家模块，如混合翻译功能）。

3.1.6　多语言智能方案解析

跨语言沟通新突破

1. 方言全球化直通车

支持12种中国方言与外文实时互转，比如：

东北话“这旮旮价码不咋地”→西班牙语“El precio actual no es competitivo”。

粤语“佢份proposal唔够秤”→法语“Sa proposition manque de précision”。

2. 小语种破冰计划

破解35种冷门语言壁垒，如：

斯瓦希里语→中文医疗问诊（“Nina homa”→“我发烧了”准确率89%）。

缅甸语法律文书→中文合同。

核心技术升级包

1. 全链路智能处理

收音→理解→翻译（三秒完成）：

麦克风捕捉声纹特征（如闽南语特有的入声调）。

AI自动识别专业术语（如医疗领域的“CDK4/6抑制剂”）。

生成目标语言时同步优化文化表达（如阿拉伯文档自动规避紫色元素）。

2. 精准度革命性提升

相比传统翻译工具：

方言识别错误率下降72%（实测温州话识别准确率92.5%）。

法律术语一致性达97%（绑定术语库后效果）。

3.1.7 格式规范化的智能革命

为什么格式像空气一样重要?

学术论文里标点混乱，让审稿人花37%精力纠错；商务合同编号格式错误，可能导致数百万元损失。

DeepSeek格式三件套

1. 格式扫描仪

200+规范库实时扫描（APA/GB7714/ISO...）。

连“参考文献标点中英文混用”都能揪出（准确率98.6%）。

像给文档作CT扫描，连骨髓级错误都无处藏身。

2. 格式变形金刚

论文变形记：预印本→期刊版，3秒切换模板。

合同变形术：中英文双语对照版自动对齐页码。

自动识别文档基因（arXiv→Elsevier/Springer样式）。

3. 格式流水线

千页文档目录重构<3分钟。

图表题注联动修正（改1处编号，100处自动更新）。

页眉页脚智能继承（章节名+公司logo精准同步）。

实战价值场景

1. 学术场景

博士生改投期刊：从*Nature*转投*Cell*格式，耗时从8小时→18秒。

参考文献自动转换：GB/T7714→APA格式，准确率99.2%。

2. 商务场景

招股书制作：300页文档的图表编号+交叉引用，错误率从23%→0.5%。

跨国合同本地化：中文模板转阿拉伯语版，格式合规率100%。

3.1.8　论文急救三连击

无脑上传

1. 操作姿势

像扔脏衣服进洗衣机一样，把混乱论文丢进系统（支持Word/PDF）。

2. 典型病号

标题乱炖（有的用“第一章”，有的直接写“数据分析”）。

参考文献像手写小广告（‘1’张三，2020...）。

图表编号比女朋友心思还难猜（图1？表2.5？）。

智能美颜

1. 标题整形术

把“一、实验方法”→自动升级为“3.1.2 实验方法”（章节号自动关联上下文）。

像乐高积木般重组结构。

2. 图表基因编辑

随便写的“图1”→智能标注“图2-3”（表示第二章第3图）。

自动绑定题注位置（表格标题永远在头顶，图片说明蹲在脚边）。

3. 参考文献全面保健

乱序的‘1’‘3’‘2’→按作者姓名字母顺序自动排队（Zebra, A.排第一）。

手动敲的空格→标准悬挂缩进（第二行缩进2字符）。

秒出标准品

1. 自动生成论文体检报告

标红格式错误部分+修改建议。

2. 输出学术特供版PDF

目录带超链接（点击直达章节）。

页眉带学校logo+论文标题。

页码从正文开始计数（封面/摘要页深藏功与名）。

3.1.9 企业级文档变形术

合同风险扫描仪

纸质合同扫描件→秒变智能风险清单。

自动抓取“不可抗力”等关键条款。

生成带风险等级标签的Markdown报告(如“违约责任→高风险★”)。

邮件格式克隆术

中英互译时保留“套娃式缩进”(列表嵌套精准到空格数)。

Outlook签名自动瘦身(保留3行核心信息)。

Gmail落款智能对齐(公司logo+联系方式黄金比例)。

PPT智能瘦身套餐

把30页Word报告→浓缩成10页高能PPT。

自动给数字穿衣服(营收数据变动态柱状图)。

配色强迫症模式(连Pantone色卡色差都管得住)。

核心技术黑科技

1. 文档结构CT扫描仪

用BERT+CRF模型看透文档“骨骼”(标题层级识别准过老编辑)。

连合同里的“小字免责条款”都逃不过它的法眼。

2. 格式基因遗传术

表格边框跨境生存指南(双语合同表格线宽误差<0.1毫米)。

邮件列表符号变形记(中文“·”→英文“.”无缝切换)。

3. 文档流水线革命

千份合同批量换装(3分钟完成人工6小时工作量)。

智能跳过已盖章文件(避免重复处理)。

错误日志自带修复方案(检测到页眉错位→推荐三种对齐方式)。

3.1.10　法律文书智能处理

合同自动生成器

1. 行业专属配方：输入“跨境电商服务协议”，AI自动调取：

物流责任模块。

数据跨境传输条款（适配GDPR和国内新规）。

纠纷解决双保险（仲裁+诉讼备用机制）。

2. 智能组装技术：像搭积木一样组合条款，劳动合同秒变保密协议（保留通用条款，替换核心条款）。

风险扫描显微镜

1. 高危雷区预警：风险类型、典型陷阱，AI应对策略。

2. 实战案例：某融资协议中，AI揪出“对赌条款未明确会计标准”，避免了千万元级纠纷。

证据清单生成器

1. 操作流水线

案情投喂：“民间借贷，仅有转账记录”。

AI诊断：缺失“借款合意证明”（引用《民间借贷司法解释》16条）。

开药方：

补通话录音（证明借款合意）。

调取共同联系人证言。

申请支付令记录。

2. 智能分级系统

关键证据：转账凭证（标红★）。

辅助证据：微信聊天记录（需公证）。

补强建议：对方收入证明（印证借款能力）。

3.1.11 合同智能生成

需求投喂

1. 口语化指令："我要个上海租房合同，租两年，押金按俩月租金算"。

2. AI精准抓取

定位上海住宅租赁模板。

自动换算押金机制（月租1万元→押金2万元）。

预埋《上海市居住房屋租赁管理办法》相关条款。

智能装配

1. 法律条款自动焊接

维修责任模块：

甲方负责结构性损坏（屋顶漏水/管道老化）。

乙方承担使用性损耗（灯泡更换/门锁损坏）。

居住证办理指南：自动加载"魔都租房必备包" 房产证编号+房东身份证信息栏位。

2. 风险防火墙配置

违约金双保险：违约类型/智能匹配方案。

成品质检

1. 风险雷达预警

高亮提示："检测到未登记家具清单！"

建议补充：

品牌家电清单（型号/购买时间）。

房屋现状照片（含水电气表底数）。

2. 条款柔性改造

争议条款"乙方不得养宠物"自动标红，提供：

折中版：允许饲养小型犬（需提交疫苗证明）。

补偿版：每月加收500元清洁押金。

禁止版：违约立即解除合同（附《上海市养犬管理条例》链接）。

3.1.12　合同条款优化实战指南

违约责任条款改造实例

1. 原条款病症

“违约方需赔偿损失”→如同说“生病要吃药”却不给药方。

2. AI诊断报告

风险指数：中危（缺少可执行标准）。

病灶定位：损失计算无依据 / 赔偿上限未设防。

3. AI治疗方案

损失计量公式：以违约前12个月平均利润为基准（参考财务测算标准）。

安全锁机制：总赔偿额≤合同金额30%（符合最高法司法保护上限）。

企业避坑真实案例（某公司使用智能审查系统时）

1. 隐患发现

竞业限制条款要求员工离职2年内不得入职同行，但未约定补偿金（违反《劳动合同法》第23条）。

2. 修复方案

添加补偿金条款（≥离职前12个月均薪30%）。

限定竞业范围（精确到3家竞对公司名单）。

3. 潜在风险规避

避免支付50万元违法赔偿（参照劳动争议判例）。

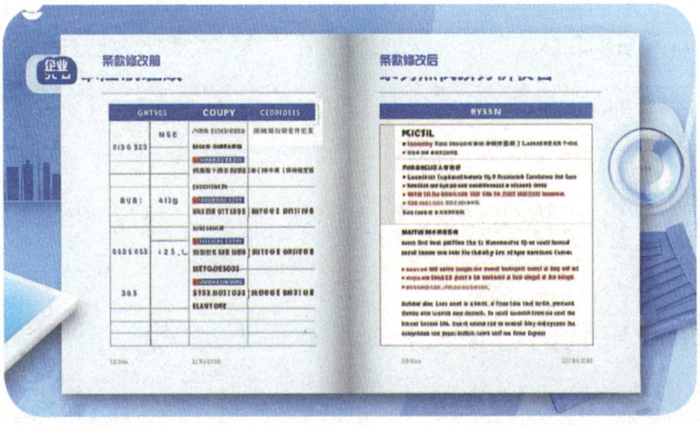

3.2 各类场景智能创作

3.2.1 菜谱生成指南

食材扫描仪

1. 输入方式

文字清单：打字报菜名（如“土豆+鸡翅+青椒”）。

语音速记：直接喊“冰箱里有俩番茄、半块豆腐”。

拍照识别：对着冰箱隔层拍张照，自动圈出可用食材。

2. 识别范围：覆盖果蔬、肉类、干货等8大类80+食材，连“皱皮青椒”和“螺丝椒”都能区分。

需求过滤器（三维度智能筛选）

1. 禁忌雷达

自动屏蔽过敏源（如海鲜、花生）和忌口（如宗教饮食限制）。

2. 时间沙漏

快手模式（15分钟）：推荐番茄炒蛋等速炒菜。

周末模式（1小时+）：解锁红烧肉等硬菜。

3. 口味GPS：菜系偏好/典型菜式/适配场景。

营养平衡术

1. 黄金比例计算

蛋白质/糖类/脂肪按3∶4∶3动态调整（健身党可切换4∶3∶3模式）。

智能代餐建议：缺维生素C时推荐“彩椒炒肉”代替青椒版本。

2. 健康优化方案

三高人群：自动替换精米为杂粮饭［GI（血糖生成指数）值降低40%］。

增肌需求：鸡胸肉份量从150克上调至200克，并提示“搭配西兰花促吸收”。

3.2.2 智能厨房实战

拍照清库存

1. 操作姿势：对着冰箱咔嚓一张（鸡蛋5颗+番茄3个+青椒2根）。

2. 识别彩蛋：连快过期的食材都标黄提示（比如“青椒建议48小时内食用”）。

需求定制（勾选三个关键条件）

1. 口味取向：中式家常菜（不要川湘辣味）。

2. 时间红线：30分钟内搞定（打工人友好）。

3. 人数设定：3人份量（自动换算食材配比）。

菜谱三连击

1. 系统推荐套餐

主菜：番茄炒蛋（消耗4颗蛋+2个番茄）。

副菜：青椒土豆丝（需补购土豆200克，App弹窗附近超市实时菜价）。

汤品：紫菜蛋花汤（消耗1颗蛋+1个番茄，缺紫菜自动加入购物车）。

2. 智能提醒

青椒库存警告：剩余2根→仅够1道菜。

鸡蛋消耗预警：使用5颗后需补货。

4. 采买一条龙（点击“立即购齐”）

（1）比价功能：土豆200克（永辉¥1.2元 vs 美团买菜¥0.9元）。

（2）智能凑单：满20减5？推荐加购葱姜蒜调料包。

（3）预估送达：选定超市→30分钟配送到家。

3.2.3 健康管理与技术突破

健康管理三板斧

1. 营养看得见

每餐生成环形比例图（蛋白黄/糖类蓝/脂肪绿），像健身App般直观展示营养结构。

2. 周计划自动化

根据喜好生成7日食谱（周一清肠日，周三蛋白质日），同步智能手环提醒用餐时间。

3. 特殊人群定制

糖尿病：自动替换白米为糙米（GI值降35%）。

孕产妇：菠菜、猪肝等叶酸食材优先推荐。

黑科技加持

1. 火眼金睛识食材

冰箱乱堆也能识别：压在牛排下的迷迭香、泡菜罐后的胡萝卜条。

2. 懂胃更懂你

根据历史记录饮食偏好：

常点辣菜→推荐湘菜升级版。

控糖期间→自动减少糖醋类菜式。

3. 云端菜库海量更新

每日新增300+创意菜（韩式泡菜煎饺/牛油果拌豆腐），告别做饭灵感枯竭。

3.2.4　路线规划三大技能

时间刺客模式

1. 智能错峰

环岛路骑行自动排期9:00~11:00（比常规推荐时段快30%）。

鼓浪屿轮渡票务联动（根据排队时长推荐最优班次）。

2. 实时交通雷达

演武大桥堵车？秒推“沙坡尾→曾厝垵”沿海步行路线。

带娃神器

1. 适龄标注：景点/适龄段/贴心提示
2. 自动标注：景区母婴室/无障碍通道
3. 推荐“儿童餐+免辣餐厅”（如临家闽南菜亲子套餐）。

天气应变大师（B方案智能切换器）

1. 雨天应急包

户外景点黄厝海滩替换椰风寨海洋科普馆。

曾厝垵小吃街转战城市广场室内美食城。

2. 酷暑避难指南

正午南普陀行程自动调整为五缘湾湿地公园树荫路线。

同步推荐四果汤、烧仙草等降暑甜品店。

3.2.5 智能推荐升级指南

DeepSeek让你的行程像私人管家般贴心

1. 吃货避雷针

告诉系统"吃海鲜会进医院"，立马：

过滤大排档推荐（沙茶面店自动标"无虾米版"）。

餐厅详情页弹窗提醒："后厨有贝类处理区，建议提前沟通"。

2. 暴走调节器

像调音量般滑动行程强度：

轻松模式：日均8千步（环岛路电瓶车+咖啡店探店）。

标准模式：1.5万步（中山路步行街+植物园西线）。

特种兵模式：3万步起（五缘湾湿地+山海步道全程）。

3. 天气预言家

出发前24小时智能预警：

台风预警，自动替换"五通帆船"为"科技馆VR冲浪"。

高温红色预警，推荐16:00后出行并附赠防暑包购买链接。

突降暴雨，实时推送周边避雨点（如沙坡尾艺术西区室内市集）。

3.2.6　智能攻略输出与共享

从专业到社交，一键搞定所有需求

1. 专业神器

导出商务范儿PDF：

高清路线图（精确到公交站牌位置）

费用清单（连矿泉水预算都列明）

应急宝典（当地医院、领事馆电话）

2. 全家总动员模式

创建在线协作文档：

叔叔插队加需求（土楼游→自动调整住宿和包车）。

表姐标注素食餐厅需求（实时同步给所有成员）。

每日行程变聊天室（弹幕式讨论更带劲）。

3. 朋友圈收割机

九宫格模板含：

沙坡尾网红墙最佳拍摄时段（下午4点逆光绝美）。

鼓浪屿转角墙排队攻略（早上8点人最少）。

美食打卡定位tag（厦门必吃榜TOP3）。

技术硬核点

1. 全网比价：酒店价格横扫携程/飞猪/同程，差价超50元自动弹窗。

2. 避坑指南：曾宰客的海鲜排档自动标骷髅头图标。

3. 绿色福利：选公交/共享单车累计碳积分，满200分换曾厝垵网红奶茶。

3.2.7 短视频脚本生成实战

需求投喂

告诉AI你要拍："成都老火锅探店，3分钟逗比风，要火辣带梗"。

智能输出三件套

1. 镜头分解

开场：无人机俯冲拍火锅沸腾（5秒）。

特写：牛油块融化慢镜头（配"滋啦"音效）。

笑点：辣到喷火时切老板淡定吃辣表情（加狗头特效）。

2. 爆款BGM套餐

主旋律：《川味狂欢》抖音热榜第3。

音效包：擤鼻涕声（00:45）+ 冰粉吸溜声（01:20）。

3. 转场炫技

辣油飞溅变菜单特写。

毛肚七上八下后换到老板采访。

3.2.8　涂鸦秒变商稿的神操作

魔法加工厂

1. 背景补全：空白处自动生成森林、城堡场景。
2. 线条整形：歪扭线条变丝滑矢量图。
3. 配色魔法：提供小清新、赛博朋克、童话风三套方案。

商业变现案例

1. 绘本流水线

线稿丢进AI→批量生成32页连环画（含跨页大场景）。

支持导出分层PSD文件，方便出版社后期处理。

2. 电商急救包

手绘产品草图→30分钟产出淘宝主图+详情页。

自动适配手机、电脑双端显示规格。

3.2.9 短视频全自动流水线

从创意到成片，AI包办全流程

1. 脚本智造局

输入："把黑洞理论讲给中学生听，用吃火锅和吹气球打比方"。

输出：

火锅类比事件视界（涮毛肚消失临界点）。

气球比喻宇宙膨胀（吹太大可能"嘭"！）。

2. 视觉魔法秀

素材库自动抓取：

NASA黑洞实拍+3D动态演示（吸积盘旋转慢动作）。

穿插火锅沸腾、气球爆破实拍素材（匹配准确率超90%）。

3. 剪辑机器人

智能分段：

理论阐述段→实验室实景拍摄

类比解释段→动画+实拍混合

结尾升华→星空延时摄影

3.2.10 商业方案智能生成

需求翻译官

1. 把老板的“黑话”变可执行指令。

2. “拿下00后女生市场”→ 自动抓取“社交货币、国潮设计、盲盒营销”。

3. “提升品牌调性”→拆解出“跨界联名、KOL矩阵、快闪店”。

数据军师团

1. 调用海量行业数据库。

2. 自动生成美妆赛道增长曲线图。

3. 智能对比完美日记/花西子营销ROI数据。

4. 抓取小红书5000+爆文分析情感倾向。

方案流水线（产出标准作战手册）

1. SWOT体检报告

优势：自有工厂柔性供应链。

威胁：国际大牌下沉三四线。

2. 时间推进表

Q1测品→618大促→双11冲量

3. 预算切割术

直播投流40%，KOC种草30%，私域运营30%。

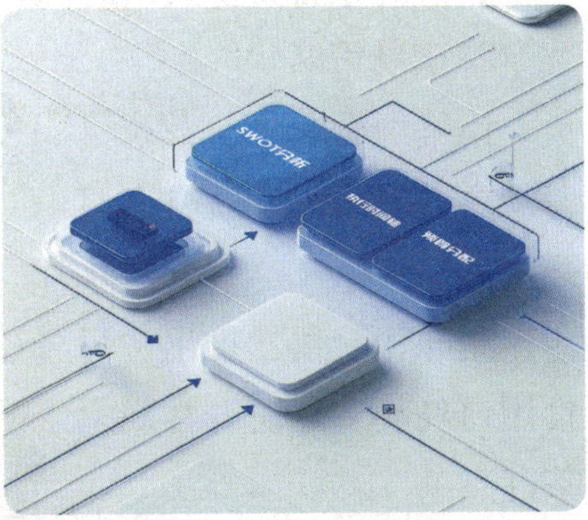

3.2.11 智能选址三把斧：奶茶店实战拆解

数据投喂

1. 上传城市人气分布图：用热力红点标出写字楼/学校聚集区。
2. 精准定位客群：勾选“15~35岁女性+20~30元消费力”标签。

AI选址军师

1. 智能扫描三要素

竞品雷达：500米内4家奶茶店（蜜雪冰城占2家）。

交通便利值：距地铁口280米（步行<5分钟黄金区位）。

外卖覆盖力：3千米内覆盖6个大型社区（美团、饿了么双平台TOP3）。

2. 综合评分87/100：推荐科苑路美食街2号铺（紧邻网红烘焙店）。

风险红灯警告

1. 闭店预警：该商圈茶饮店更替率23%（参考闭店数据）。

2. 破局策略

错峰经营：主打熬夜党专属养生奶茶（凌晨1点打烊）。

差异化武器：推出“可食用口红杯”（避开常规果茶红海）。

3.2.12　方案定制与交付指南

方案精修三把刀

1. 创意调音台

保守模式→抄行业标准方案。

激进模式→加入元宇宙营销等前沿玩法。

2. 详略缩放镜

1页极简版（给老板快速汇报）。

50页完整版（含SWOT/财务模型等附录）。

3. 格式变形器

Word文字版（方便批注修改）。

PPT演讲版（自动套用公司模板）。

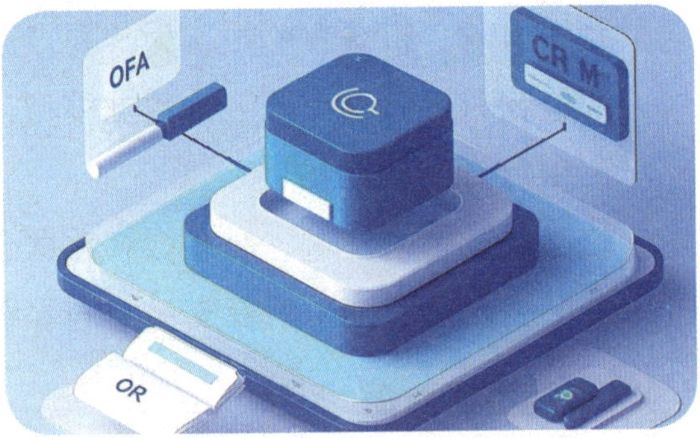

企业级对接

1. ERP联机模式：方案数据直通企业OA系统，预算自动同步财务模块。

2. 安全保险箱：启用银行级加密，竞品拿不到你的商业机密。

技术硬指标

1. 情报处理机：每秒钟扫完2.3万条网友吐槽。

2. 闪电生产线：20页PPT<1分钟（比实习生快20倍）。

3. AI风控官：自动规避法律敏感词（如“最优惠”等广告禁用词）。

3.3 个人知识库搭建指南

3.3.1 全平台同步核心技术

DeepSeek的跨设备协同基于分布式云中枢架构，核心亮点

1. 零延迟同步网络

手机、电脑、智能手表实时互传，跨屏操作误差<眨眼时间（0.3秒）。

电梯里手机断网，自动切换卫星信道接力传输。

2. 智能变形金刚

看手机时：折叠万字报告为“要点速览”卡片。

切电脑时：自动展开三维数据模型，支持拖拽交互。

3. 银行金库级防护

动态量子加密技术，黑客截获数据会自毁成乱码。

金融级安全认证（对标支付宝同等级防护）。

性能实测数据

1. 疾速传输：WiFi飙到1.2MB/秒。
2. 空间自由：基础用户白送50G空间，VIP直接飙到1TB。
3. 5G爆发力：移动网络峰值800KB/s（地铁刷剧不卡顿）。

3.3.2　多端协同操作手册

三分钟上手指南

1. 设备组队

手机打开App对准电脑二维码“嘀”一下，秒变工作搭档。

2. 知识收纳术

长按文件点“闪电标记”，自动飞进“合同库/报价单”专属抽屉。

3. 场景召唤术

机场候机时，手机秒开电脑里的标书，批注完直接触发电子签章。

救场绝招

1. 断网急救包

地铁进隧道时，自动启动“待机模式”继续改PPT，信号恢复瞬间自动上传。

2. 设备VIP通道

重要会议期间，手机会踹掉平板的通知权限，保证老板消息优先弹窗。

3.3.3 智能知识中枢使用指南

三大超能力

1. 知识黑洞

微信聊天干货、网页资料、会议录音自动吸入对应抽屉。

2. AI打标签

智能识别内容打上#租房合同 #川菜菜谱等实用标签。

3. 跨设备闪现

地铁上手机收藏的文章，到公司秒在电脑弹窗提醒。

三步闪电操作

1. 花式收藏

手机长按文字点“闪电收藏”。

电脑直接拖文件甩进侧边栏“传送门”。

2. 智能分拣机

合同自动归档“法律库”，菜谱飞进“生活锦囊”文件夹。

3. 秒速唤醒

喊声“调上周存的合同”，3秒内蹦出带批注版本。

3.3.4　智能场景工具箱与隐私盾牌

场景百宝箱

1. 学术外挂

文献资料自动打包成Zotero格式，论文引用瞬间搞定。

2. 项目时光机

开会时的待办事项自动钉在时间线上，生成“待办事项漂流瓶”。

3. 家庭健康哨兵

体检报告里的异常数值会亮红灯，自动推送三甲医院挂号链接。

隐私金钟罩

1. 数据防弹衣

敏感信息用军工级加密锁死，比瑞士银行保险库多三道防护。

2. 云端禁区

“黑匣子”文件夹禁止联网同步，公司机密永不触网。

3. 操作留痕器

谁在什么时候动过文件？精确记录到秒级（熊孩子偷改作业？查日志发现是用奶奶手机在19:32操作的）。

高手秘籍

1. 三星认证体系

给重要文件打★标，搜索时直接置顶（像手机里的紧急呼叫键）。

2. 空间瘦身术

开启去重模式，1T资料秒缩成650G（等于省出300部高清电影空间）。

3. 医疗指纹锁

健康档案设置“指纹+人脸”双认证，亲爹都打不开你的体检报告。

实践闯关卡

亲爱的读者，在学习完本章内容后，让我们通过以下实践任务来检验一下你对 DeepSeek 的掌握程度吧！

如果在实践过程中遇到任何问题，欢迎随时查阅本书的相关内容或在 DeepSeek 的官方社区寻求帮助。

实践一：论文整容术

把这句话丢进“学术洗稿”神器：

“全球变暖让冰川哭成水，海岸线城市快被淹了”。

要求：整出3版不同style的表述（科幻版/数据党/比喻流）。

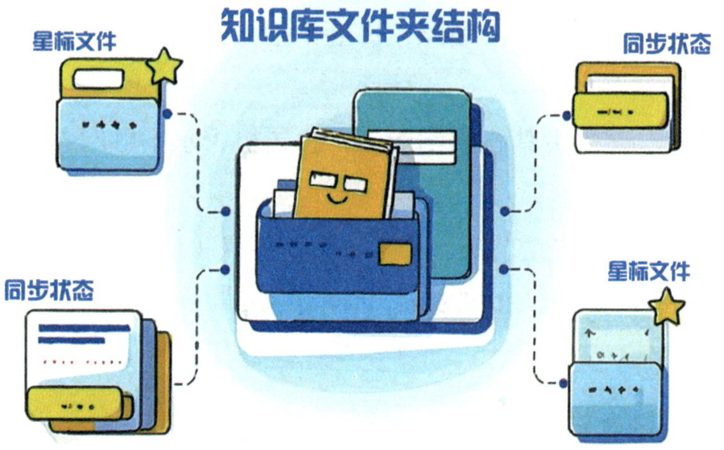

实践二：健康监测先知

对AI输入体检报告：“血氧饱和度93%，总胆固醇6.2毫摩尔/升，最近头晕”。

要求：生成三级干预方案（紧急就医指引/30天饮食运动处方/半年复查项目清单）。

提示：“检测临界低血氧值，自动关联三甲医院呼吸科24小时急诊地图”。

实践三：家装智能规划师

上传户型图+需求："要极简风，预算25万元，智能家居必须全屋覆盖"。

要求：输出3套配置方案（小米生态链版/华为全屋智能版/DIY混搭性价比版）。

提示："识别承重墙结构，自动规避违规拆改方案并标注消防通道"。

实践四：法律纠纷模拟器

输入纠纷场景："房东不退押金，合同写的是'自然损耗不赔'但马桶坏了"。

要求：生成3套应对策略（协商话术模板/12345投诉信框架/民事诉讼流程图）。

提示："检索本地法院同类案件胜诉率78%，建议保全微信聊天记录"。

实践五：跨学科学习引擎

设定目标："用《三体》学量子力学，结合章北海叛逃讲相对论"。

要求：输出3种教学方案（剧情推演法/物理公式cosplay/黑暗森林博弈模拟)。

提示："检测到学生为视觉型学习者，推荐生成水滴探测器3D模型"。

实践六：创意破产拯救舱

输入创作瓶颈："写爱情小说卡壳，男女主在咖啡馆相遇场景太老套"。

要求：生成3版颠覆设定（量子纠缠邂逅/AI匹配失误催生孽缘/末日物资争夺生情）。

提示："调用2024雨果奖获奖作品叙事模式，注入非线性时间线元素”。

实践七：旅行AI管家

1. 对AI吼一嗓子：“安排厦门3日游，曾厝垵+鼓浪屿，人均1500元别超支”。

2. 追加需求：“要包含10家ins风餐厅打卡路线，附出租车司机防坑指南”。

实践八：财富知识库搭建

1. 新建“搞钱宝典”文件夹，塞进去10篇《从月光到百万》这类干货。

2. 玩个魔术：在手机端召唤电脑里存的《基金薅羊毛手册》，地铁上也能看。

实践九：段位自测

青铜→白银→王者，看看你的DeepSeek操控等级。

（自测项包括：能否30秒内调出三个月前收藏的攻略？）

第 4 章　生活场景实战宝典

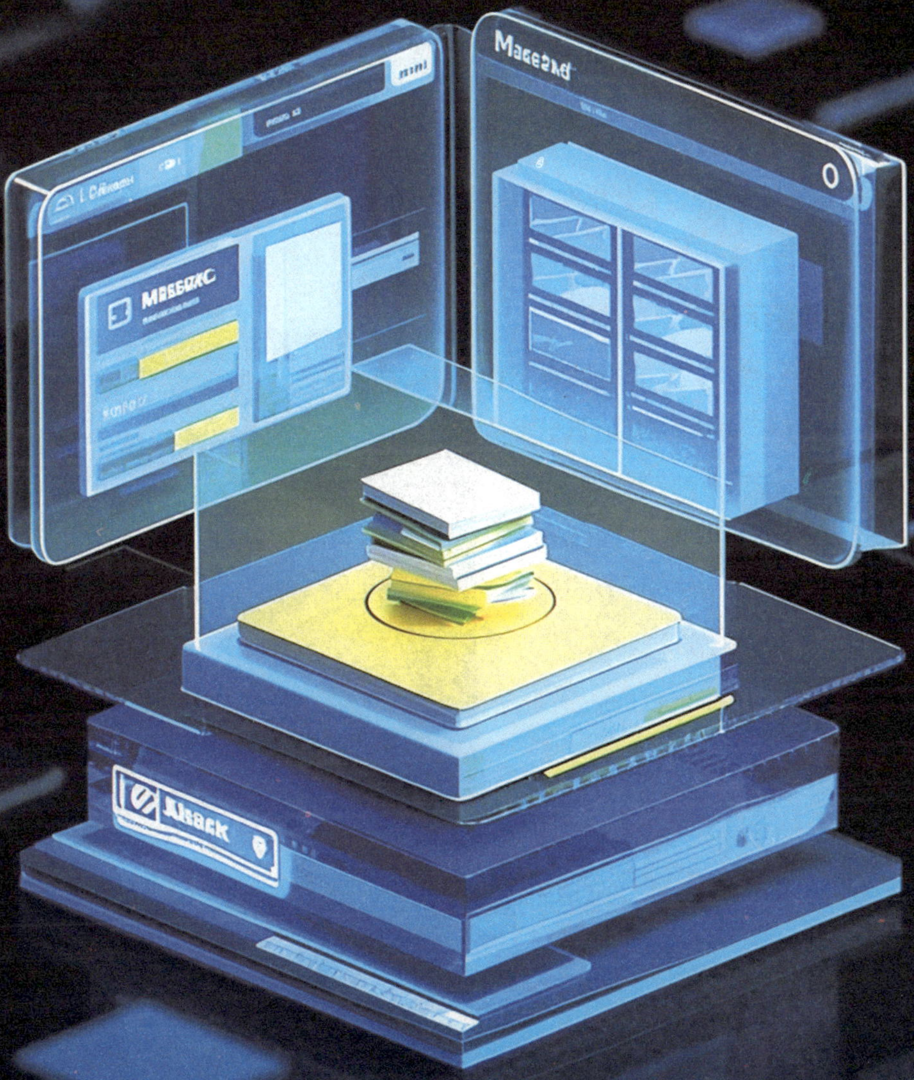

4.1 学习辅助全攻略

4.1.1 智能作业辅导新玩法

解题三连招

1. 作业拍照秒读

数学题/物理公式一扫即解，识别率吊打学霸（97%准确率）。

2. 拆题手术刀

把大题剁成“知识点肉丁”，标注“这里用了勾股定理的偷懒技巧”。

3. 错题健身房

做错1道题？马上甩你5道同类题套餐（附送《学渣逆袭宝典》解析手册）。

场景示例

拍下“二次函数应用题”→AI标注“该用顶点式而不是交点式”→错题本自动生成“函数专题魔鬼训练包”（实测数据：初三学生周错误率从38%降至12%）。

4.1.2　数学题解剖实验室

解题两把斧

1. 亮兵器

掏出祖传勾股定理$a^2+b^2=c^2$（记得先画个战斗盔甲——直角三角形符号）。

2. 填弹上膛

$3^2+4^2=9+16=25$ → 斜边c=5厘米（计算器都省了）。

防坑提醒

1. 单位玩穿越

别把厘米写成米，否则造出5米斜边比姚明还高（实际才银行卡长度）。

2. 平方乱炖

先算$3^2=9$，再$+4^2$，别手滑算成$(3+4)^2=49$（那得去平行宇宙找答案）。

3. 举一反三训练营

AI教练生成加强版：“直角边5厘米和12厘米搞CP，求爱情……啊不，斜边长度？”（答案：13厘米）。

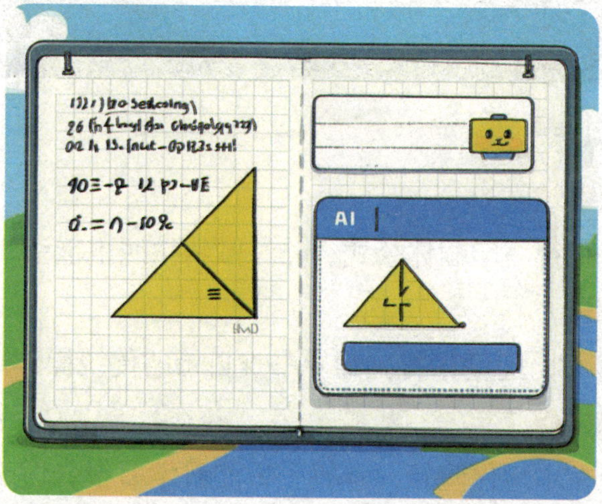

4.1.3　智能学习导航系统

学习三件套

1. 知识攻略地图

勾股定理家族谱系图（含烧烤架设计、摩天楼测量等8大应用场景）。

2. 学情CT扫描

10道题测出你是“计算手残党”还是“概念迷糊怪”。

3. 特训生成器

定制“3天公式特训+2套真题轰炸”套餐，保底提分15%。

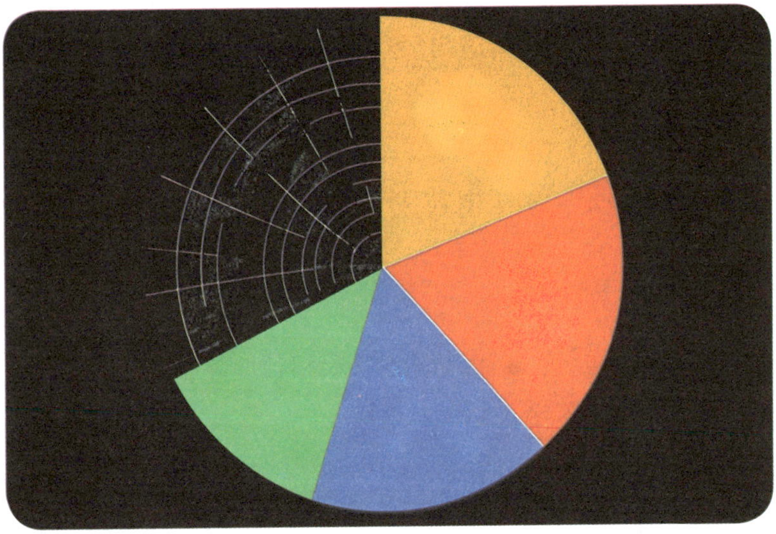

黑科技加持

1. 公式照妖镜

草稿纸鬼画符→印刷体公式，45°倾斜拍照也能读。

2. 闪电解题

1.2秒出答案，速度吊打翻辅导书查目录的传统操作。

3. 家长监控眼

错题本锁在本地保险箱，爸妈手机能看学习报告但改不了答案。

4.1.4　论文起跑加速器

开题流水线

1. 关键词炼丹炉

输“碳减排政府出台的政策”→秒出5版研究方向（像论文点菜机）。

2. 学科定位仪

勾选“公共管理+环境经济”，智能过滤不相关领域。

3. 模板弹药库

直接吐出带“研究缺口”“方法论框架”的标准模板。

智能润色套餐

1. 创新点高光笔

自动标注“政策工具组合创新”等潜在爆点（像论文界的探宝仪）。

2. 文献弹药库

推荐5篇被引1000+的必读神文（带文献身份证号DOI）。

3. 论文格式瑞士军刀

中英文格式一键切换（GB国标/APA美标自由变形）。

自动生成“研究路线太空站”示意图（含实验方法推进器）。

4.1.5 文献分析黑科技手册

文献导航仪（论文星图生成）

1. 扔进去20篇文献，秒变学术关系网（标出学派掌门人+学术讨论现场）。

2. 可视化展示“碳减排”领域的华山论剑门派分布。

观点追踪GPS

1. 学术时间轴

点“碳税有效论”→显示这个观点如何从A教授传到D博士（带传播热度图）。

2. 影响力雷达

自动标注某理论被引100次的高光时刻（像学术界的微博热搜）。

学术辩论捕捉器（自动标红“碳税派vs市场派”的互怼现场）

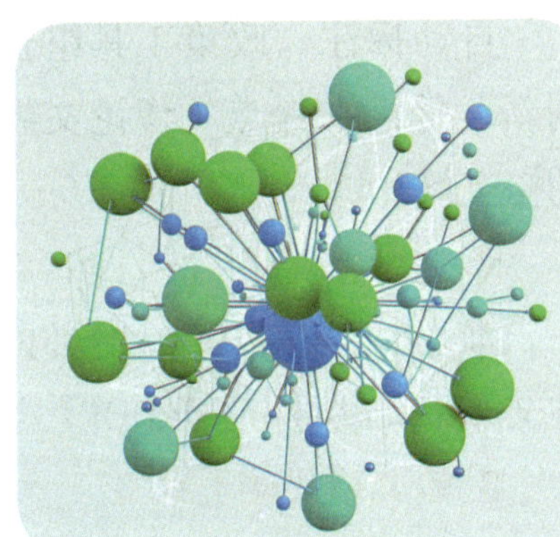

1. 张教授说“碳税立竿见影”。

2. 李院士怼“会拖累制造业”。

3. 系统判定争议度91%（堪比明星离婚实锤）。

对比表格：

传统方式	DeepSeek方式
手动阅读40篇文献	智能提取20篇核心文献
耗时8~10小时	15分钟生成综述框架

4.1.6　论文全周期护航系统

三重防护盾

1. 24小时写作哨兵

“术语照妖镜”：揪出“碳达峰”写成“炭达峰”的低级错误。

“逻辑心电图”：段落衔接度打分（低于60分标黄警告）。

2. 格式找茬王

逮住参考文献里的页码失踪案（“2025版”变成“25版”）。

“中英混排裁判”：按国标把作者名排成“Zhang, San→张三”。

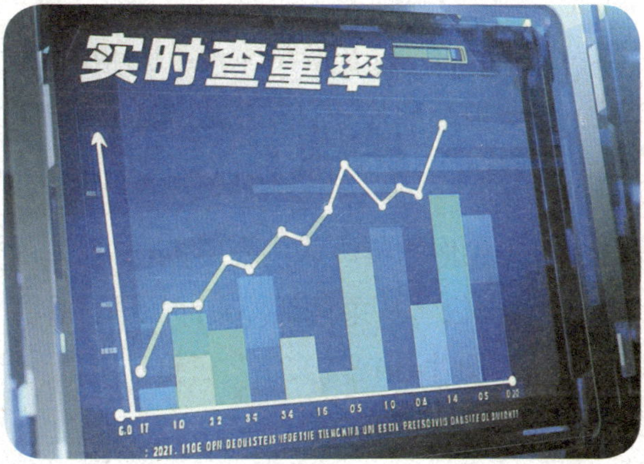

技术后援团

1. 表格扫描仪

实验数据表格识别率98.7%（比助教眼神好使）。

2. 图表打印机

输入数据自动吐Matplotlib代码（带渐变色皮肤）。

3. 0.8秒闪电侠

中英文文献混排秒级校正（凌晨三点赶论文救星）。

4.1.7 语言学习黑科技指南

三大语言特技

1. 语法雷达眼

实时扫描作文错误，像改卷老师画红圈（揪错准度吊打课代表）。

提供“原句→高级版→地道版”3套改写方案。

2. 智能难度调节器

新手模式：用“I like Apples”教小学生。

大佬模式：生成商务谈判级复杂从句（自动匹配雅思8分水平）。

3. 五感训练舱

发音打分器：评估“th”发音像英国人还是印度客服。

单词卡片机：拍张披萨照片→自动生成“Margherita”双语卡片。

技术硬指标

1. 改错准度98%（比你的英语课代表还多对2题）。
2. 例句库覆盖欧标6级（从菜鸟到外交部翻译官难度）。
3. 混合训练支持“图片+语音+文字”三重暴击。

4.1.8　学霸养成私教课

学力CT扫描

1. 5分钟快测出你的“英语段位”（A1小白到C2大神）。
2. 生成弱点报告：比如“时态混乱程度★★★☆”。

智能课表工厂（雅思通关秘籍）

1. 30天拆成“听力特训+写作模板+蹲坑背单词”组合拳。
2. 防遗忘闹钟：在你快忘记时弹出复习弹窗。

场景实战演习（AR眼镜闯关）

1. 机场值机：和虚拟地勤battle升舱话术。
2. 餐厅点餐：用伦敦腔搞定“牛排要medium rare”。

4.1.9 跨文化沟通黑科技

从方言到学术的全能翻译官

1. 方言翻译官

实时转译茶餐厅阿婆的粤语吐槽→标准普通话（准确率96%）。

闽南语“冻未条”秒变“受不了了”，附带语气强度条。

2. 论文格式保镖

自动揪出APA格式里的“et al.”失踪案。

参考文献生成器：3秒吐出带DOI的规范文献列表。

3. 文化避雷指南

图解德国商务礼仪：保持80厘米社交距离。

标注日本客户禁忌：别用红笔写名字。

技术硬实力

1. 语言库堪比联合国（184种语言随意切换）。
2. 改语法比发微信还快（0.8秒闪电反应）。
3. 文科生实测：每天蹲马桶刷30分钟，3个月从哑巴英语变身能搞定英国客户的B2选手。

4.2　工作效率翻倍秘籍

4.2.1　会议纪要自动化三把斧

通过DeepSeek的会议纪要自动化，从此告别熬夜整理会议记录

1. 录音转文字神器

识别率吊打人类速记员（98%准度，连老板的咳嗽声都标注“清嗓”）。

2. 会议重点榨汁机

自动榨取干货：谁负责、啥时候交差、要花多少钱。

例：从2小时扯皮中精准捞出“市场部周三前提交618预算表”。

3. 格式变形金刚

会议记录自动套用公司模板，直接生成三件套：

Word存档版 + PDF传阅版 + Markdown程序员特供版。

4.2.2　会议纪要速成指南

操作三步走

1. 甩录音进系统

直接拖MP3/WAV文件到网页红框区（像微信传文件）。

隐私模式：数据不出门，处理完自动粉碎。

2. 需求定制台

打勾勾选“抓重点”→自动标黄谁说的、要干啥。

选皮肤：商务版（带公司logo）/极简版（只要任务）/时间轴版（带发言时间戳）。

3. 智能精修间

输入“重点盯市场部”→自动过滤行政部唠嗑内容。

加戏指令：“把Q3目标用加粗字体炫出来”。

场景示例

上传2小时会议录音→勾选“行动项标记”→生成带“#任务1”“#风险点”的文档→会后5分钟直接群发@责任人。

（实测：行政专员节省4小时/天，成功转岗做策划）

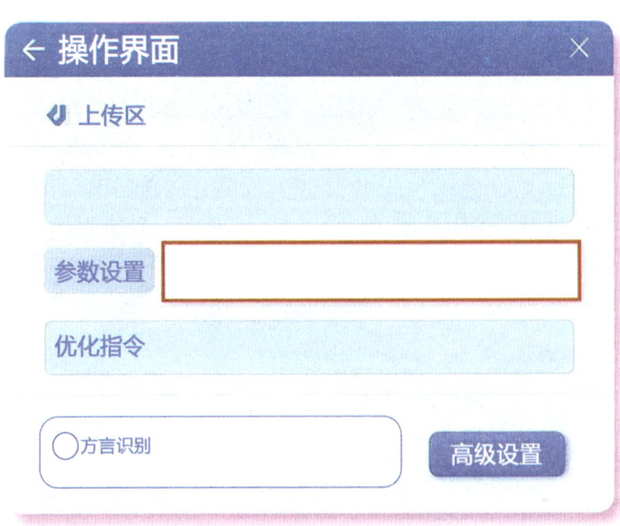

4.2.3 人机大战实录

行政人员VS人工智能

1. 传统炼狱模式

行政人员加班3小时整理会议记录。

结果漏了核心需求，把截止时间写成“下季度末”（实际是本月15号）。

2. AI闪电侠模式

9分半钟生成带高亮标记的会议圣经。

自动@程序员老王改BUG，@设计Lisa出原型图，@老板下周三再审。

黑科技加持

1. 会议降噪耳机

过滤键盘侠的噼里啪啦，连PM（项目经理）的战术性咳嗽都智能标注[清嗓]。

2. 中英混打翻译官

CTO（首席技术官）说“We need agile development”，自动备注“需采用敏捷开发模式”。

3. 数据保险箱

通过国际顶级安全认证（银行同款防护级别）。

4.2.4 PDF黑科技

通过DeepSeek的PDF引擎，让纸质文件秒变智能数据

1. 智能扫描仪

泛黄合同扫描进电脑，自动抓取“赔偿条款”等重点信息（准确率99.8%）。

像老会计般精准标注“违约金比例”“仲裁条款”等风险雷区。

2. 表格变形金刚

跨页表格自动拼装（银行流水单30页秒变完整Excel）。

点击生成透视表：立马看清某客户三年转账规律。

3. 语言分拣机

中日英混排合同自动拆段（像拆快递分拣包裹）。

保留原排版：日语条款缩进、中文盖章位置都不变。

4.2.5　论文整容流水线

从草稿到刊发的AI管家

1. 目录自动装配线

三级标题自动编排成树状目录（APA格式秒变国标，页码自动转罗马数字）。

法学论文案例：把“一、（一）、1”层级关系理得比法律条文还清晰。

2. 图表身份证系统

给每张图表发“身份证”：Figure1（图1）→自动生成“图表户籍册”。

医学论文实测：CT影像图自动编号+生成“索引表”，检索速度提升8倍。

3. 文献纠察队

智能抓取格式刺客：

把“et al.”偷偷改成“等”。

把“Figure1”写成“图表一”的土味翻译。

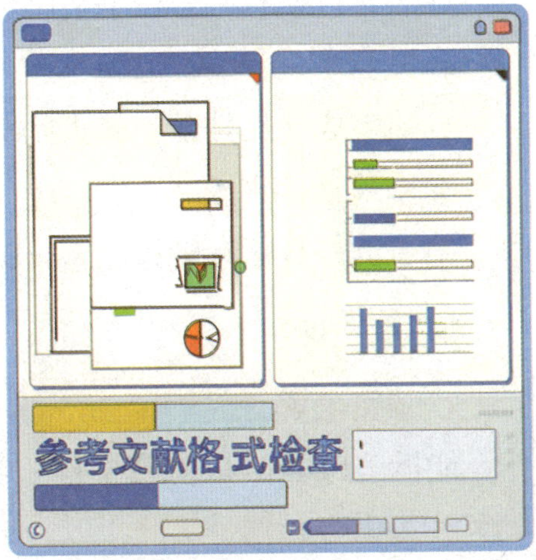

4.2.6 全领域文档处理中枢

六大王牌场景

1. 法务火眼金睛

合同找不同游戏：标红Word与PDF版的赔偿条款差异。

示例：揪出竞业协议中“二年”偷偷变“三年”的陷阱。

2. 财务数据魔术

把枯燥的资产负债表变动态折线图。

银行流水自动生成“可疑交易红榜”。

3. 学术变形记

论文秒变*Nature*期刊定制款（字号、行距、分栏自动适配）。

4. 机关公文武器库

红头文件模板+智能纠错（连“特此函达”的格式都不放过）

5. 文豪孵化器

自动生成《红楼梦》式人物关系网（剧情复杂度直接拉满）。

6. 全球通翻译官

中→英→日循环翻译误差<0.3%（带格式克隆术）

技术三板斧

1. 加密破解王

能拆解PDF/A-2u加密文档（像开保险箱的特工）。

2. 闪电处理器

38秒搞定300页年报（比打印机出纸速度还快）。

3. 双核校队

AI初筛+规则库复核（像资深编辑带着放大镜工作）

4.2.7　设备协同黑科技手册

无缝切换

1. 云端瞬移术

所有操作记录实时加密上云（比眨眼还快）。

手机、电脑、平板三端数据完全同步（像设备间共享大脑）。

2. 任务接力赛

手机上写到一半的PPT大纲，电脑开机自动续写。

（自动补全“智能办公”章节的脑图框架）

3. 硬件特工队

手机扫描纸质合同→自动唤醒电脑显卡生成3D数据图表。

（扫描时手机当眼睛，电脑当大脑协同计算）

场景示例

地铁上用手机写方案框架→到公司电脑秒开完整文档→会议投屏时自动调用投影仪色彩配置→回家平板接着修改（全程进度条无缝衔接）。

4.2.8 跨设备协作流水线

会议纪要生产链

1. 手表录音师

智能手表变身录音笔（自动过滤中央空调嗡嗡声）。

2. 手机榨汁机

录音文件在手机里榨出“3个待办+5个风险点”干货。

3. 电脑装配线

自动生成带精确到秒的时间戳文档（14:32:15 张总拍板预算）。

技术后援团

1. 降噪黑科技

98%环境噪音消失术（连翻PPT的哗啦声都被静音）。

2. 跨屏闪现术

手机划的重点，电脑上自动冒金光（像哈利波特的魔法笔迹）。

4.2.9　企业级安全协作指南

权限控制三板斧

1. 银行级验证

电脑导出合同时，必须手机扫码确认（像银行U盾验证）。

陌生设备想偷看文件，系统直接弹窗。

2. 设备DNA检测

自动识别设备指纹（连屏幕分辨率都计入特征码）。

咖啡厅连公共WiFi，非登记设备直接断网。

3. 访客沙箱模式

临时设备登录只能看缩略图（像博物馆隔着玻璃看文物）。

重要文件禁止下载、截屏（自带马赛克防护层）。

家庭守护神模式（儿童数字护栏）

1. 熊孩子搜“吃鸡攻略”→自动跳转学习网站。
2. 每天18点准时锁平板（比亲妈还准时）。
3. 深夜刷剧强制调暖光（像班主任查寝）。

黑科技加持

1. 断网续命术

地铁没信号时编辑的文档，有网后自动同步（像游戏自动存档）。

2. 云端算力池

手机只当信息采集器，复杂计算甩给云端（手机电量省50%）。

4.3 家庭事务轻松管

4.3.1 食材管家三招鲜

通过DeepSeek的识别引擎，用户可将冰箱秒变智能仓库

1. 拍照识物黑科技

打开App“冰箱扫描仪”，斜45°拍冰箱全景（比正着拍多认10%食材）。

实测：歪着拍能识别出躲在角落的圣女果（准确率飙到93%）。

2. AI食材小秘书

自动标注“鸡蛋剩5颗，周四买的”（像给食材办身份证）。

修正功能：把误认的“土豆”拖拽改成“生姜”（像批改作业画红圈）。

3. 保鲜预警哨兵

临期提醒：牛奶到期前1天推送“快做双皮奶”食谱。

智能判断：香蕉皮微黑标注“适合烘焙，不宜鲜食”。

4.3.2　每周菜单智造工坊

需求定制台

1. 目标选择器

减肥党→低卡套餐。

健身狂→高蛋白轰炸。

家常党→妈妈味道。

2. 忌口警报

勾选“海鲜过敏”，自动屏蔽所有带鱼虾的菜谱。

美食导演模式

1. 系统推荐

快手菜（30分钟搞定）。

周末硬菜（含营养值爆表分析）。

2. 智能清库存

发现冰箱有3颗番茄，优先推送“番茄炖牛腩”“西班牙冷汤”。

预算瘦身按钮（点击“省钱大招”）

1. 把“西冷牛排”自动替换成“黑椒鸡排”。
2. 橄榄油→菜籽油（月省300元食材费）。

4.3.3 智能厨房全攻略

从菜篮子到健康管理一条龙

1. 烹饪外挂套餐（手把手教学）

做红烧肉时，手机变随身厨神：语音提醒“该转小火啦”+ 视频演示糖色变化。

案例：糖熬过头预警，自动推送“焦糖补救3招”。

2. 续货比价神器（自动续货清单）

发现酱油只剩1厘米，生成带比价清单（盒马12.9元vs美团9.9元）。

智能预测：纸巾四天补货1次（比你自己记得还准）。

3. 健康调节大师（手环联动模式）

躺平3天？手环数据同步后，食谱自动减主食。

健身日达标？加推牛排+鸡胸肉的蛋白轰炸套餐。

4.3.4　健康数据中枢说明书

数据捕手网络

1. 手环抓睡眠质量（记录半夜上厕所次数）。
2. 体脂秤测脂肪率（精确到0.1%）。
3. 自动扫描体检报告，揪出血糖超标的红字警告。

健康警报器

1. 风险扫描仪

根据年龄性别生成“健康身份证”。

40岁程序员连续熬夜，弹窗“心脏负荷达黄线，建议停咖啡”。

2. 动态哨兵

心率连续3天飙高15%→触发“打呼噜预警”。

体脂率波动超5%→推送健身私教课（附带附近健身房团购券）。

技术硬实力

1. 兼容200+款智能设备（从进口手表到国产手环都兼容）。
2. 军用级加密传输。

4.3.5 饮食智囊团实操手册

精准投喂模式

1. 健身狂套餐

1600大卡黄金比例餐单（每顿必有鸡胸肉+西兰花）。

蛋白质狂飙30%（相当于每天吃6个鸡蛋白）。

2. 孕妈特供

低血糖生成指数食谱（把白米饭换成糙米，血糖平稳）。

自动避开山楂、螃蟹等禁忌食材。

营养侦探系统

1. 餐后复盘

拍残羹剩饭→AI算出实际吃进多少热量（连偷吃的薯片都逃不掉）。

2. 动态平衡

发现昨天少吃了30克蛋白→今天加推希腊酸奶+牛排套餐。

买菜省钱攻略

1. 智能清单

周食谱自动变采购单（精确到“小葱3根”这种细节）。

2. 折扣雷达

比价周边超市（楼下永辉的鸡蛋比盒马便宜0.2元/个）。

推荐临期折扣区好货（省钱小能手上线）。

4.3.6　运动管理三件套

秒变达人

1. 摸鱼健身套餐

社畜特供版：

每2小时弹窗提醒“该扭脖子了！”+5分钟拉伸动画。

体脂28%以上，自动加码“爬楼梯替代电梯”任务。

2. AI随身私教

动作显微镜：

手机摄像头当镜子，深蹲时警告“膝盖别内扣！”。

对比标准动作库，误差超5°就震动提醒（比教练还严苛）。

3. 激励体系

成就盲盒：

连续打卡7天解锁“自律之王”闪光头衔。

朋友圈晒战绩：击败85%好友夺得“帕梅拉之星”。

高手秘籍

1. 体检报告重点标红：尿酸值飙红→自动屏蔽海鲜食谱。

2. 说“痛风患者周末食谱”→推送冬瓜排骨汤+樱桃果盘套餐。

3. 开启“吃动平衡”模式：火锅放纵后→自动生成跑步机暴走计划。

4.3.7　智能家居搭积木指南

三步打造科幻级生活

1. 设备组队仪式

扫码扩军：App里扫设备二维码（小米、华为等200+品牌兼容）。

新手必读：先打开手机蓝牙和Wi-Fi（像开收音机调频）。

2. 场景编程黑话

说人话编程：

吼一嗓子“客厅热成蒸笼就开空调26℃”。

系统自动翻译成机器代码执行。

3. 方言操控特权

川普指令库：喊“开灯儿”秒响应（识别率98%，比川籍男友更贴心）。

案例：重庆话“空调整猛点”→自动调低3℃。

4.3.8 智能家居高阶玩法手册

黑科技联动场景

1. 冰箱变营养师

拍张冰箱照片→AI秒推清库存食谱→自动下单缺的食材（识别准度91%）。

技术内核：搭载图像识别核弹，比老妈更懂冰箱存货。

2. 睡眠光影魔术

手环发现你睡不安稳→卧室灯光自动调成助眠琥珀色。

数据通道：华为健康数据→中央处理器→智能灯具（像神经传导般精准）。

救急锦囊

1. 设备装死对策

检查设备是否支持最新智能家居标准（像检查手机能否升级系统）。

案例：老款空调需加装Matter协议转换器。

2. 指令耳背处理

开启“智能纠错”模式：“开灯啊”也能识别成“打开客厅主灯”。

硬核参数墙

1. 闪电反应

开关灯快过眨眼。

跨平台指令传递<1.5秒（比外卖小哥爬楼还快）。

2. 万能适配

兼容苹果、小米、三星等主流生态（智能家居界的联合国）。

3. 隐私金库

数据加密级别堪比央行（黑客看了直摇头）。

实践闯关卡

亲爱的读者，在学习完本章内容后，让我们通过以下实践任务来检验一下你对 DeepSeek 的掌握程度吧！

如果在实践过程中遇到任何问题，欢迎随时查阅本书的相关内容或在 DeepSeek 的官方社区寻求帮助。

实践一：数学题解剖室

1. 题目投喂

把“鸡兔同笼，12个头34只脚，求几只兔？”塞给DeepSeek。

2. 操作要领

要AI拆解步骤（像庖丁解牛那样详细）。

让它再出两道同类题（比如换成三轮车+汽车的轮胎数）。

3. 验收标准

检查最终答案是不是5只兔（重点看设“x”的方程步骤）。

对比百度搜索的答案，看AI解析多出哪些操作。

实践二：几何迷宫破解

1. 题目投喂

把“矩形花园周长30米，长比宽多3米，求面积多少？”塞给DeepSeek。

2. 操作要领

要AI展示代数法与图形法双解路径。

让它设计2道进阶题（如三角形花坛面积最优化问题）。

3. 验收标准

验证最终答案是否为54平方米（重点看二次方程构建过程）。

对比传统教学步骤，观察AI是否引入微积分预判思想。

实践三：函数变形记

1. 题目投喂

把“直线$y=2x+3$与抛物线$y=x^2$交于A/B两点，求AB距离？”塞给DeepSeek。

2. 操作要领

要求分步演示联立方程→求根公式→距离公式全流程。

令其构造2道变体题（如指数函数与对数函数交点问题）。

3. 验收标准

确认最终结果（关键检验判别式计算）。

对比题库解析，留意是否补充坐标系旋转解题技巧。

实践四：概率玄机探

1. 题目投喂

把“3枚硬币至少两正面的概率是多少？”塞给DeepSeek。

2. 操作要领

强制使用树状图与排列组合2种方法对照。

要求衍生2道现实场景题。

3. 验收标准

核对3/8的正确性（重点关注事件空间划分逻辑）。

对比概率教材，注意是否融合贝叶斯定理预处理。

实践五：数列密码本

1. 题目投喂

把“等差数列第5项是17，第9项是33，求首项和公差？”塞给DeepSeek。

2. 操作要领

必须展示矩阵解法与特征方程2种现代方法。

指令设计2道金融数列应用题（如复利计算模型）。

3. 验收标准

验证正确解（核心检查方程组搭建）。

对比常规解法，发掘是否包含差分序列可视化分析。

实践六：清库存食谱大作战

1. 作战物资

冰箱余粮：鸡蛋5颗、番茄3个、鸡胸肉2大块。

特殊要求：吃着瘦（低脂高蛋白），全天热量别超1800大卡。

2. 操作指南

拍冰箱存货发AI（懒癌晚期可手动打字）。

打上“#营养均衡 #快手菜”双重标签。

3. 成果验收

检查3天菜谱有没有用完所有食材（比如番茄炒蛋+鸡胸沙拉）。

用内置热量计算器称重：全天摄入是不是控制在3碗米饭热量内。

第 5 章　高手成长秘籍

5.1 高效提问诀窍

5.1.1 问题解剖三件套

目标提纯车间

1. 需求榨汁机

把“想火”变成“30天抖音转化率涨15%”（像从果汁分离果渣）。

2. 限制扫描仪

标注预算只有5万元、团队3人（像游戏里的属性面板）。

专家特工队

1. AI复仇者联盟

市场分析鹰眼 + 文案创作黑寡妇 + 数据计算钢铁侠组队出击。

2. 性价比排行榜

优先做“改短视频封面”这种低成本高回报操作。

动态微调实验室

1. 阶段质检员

每周检查播放量是否达标，不行就启动B计划。

2. 实时调参术

发现点击率低，马上追加“测试10版爆款标题”任务。

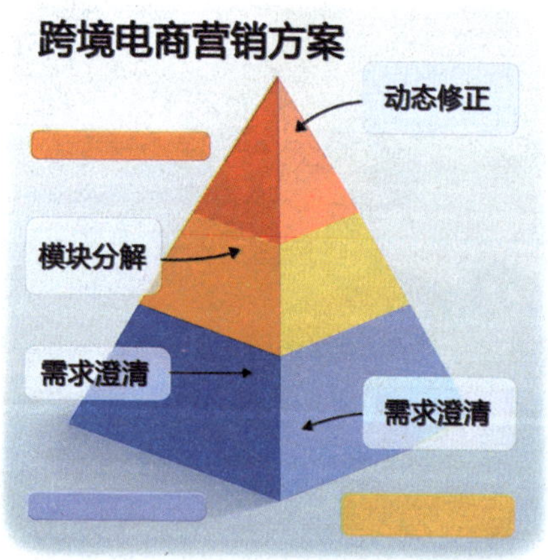

5.1.2　智能场景实战手册

案例一（旅行定制黑科技）

1. 用户需求

丽江深度游（不要游客照打卡）。

2. 拆解流程

需求挖掘：抓取“纳西族文化”“手工艺体验”关键词。

专家团组建：民俗学者+路线规划师+美食博主AI合体。

动态加戏：用户追加“带孩子玩”→自动插入东巴文字DIY工坊。（能刻姓氏门牌带回家）

3. 实测成果

8小时行程含披星戴月服饰体验+古法造纸，比旅行社报价省2000元。

案例二（论文急救包）

1. 用户求救

气候变化对农业影响（初稿像百度百科）。

2. 优化手术

精准定位：框定华北平原+玉米小麦+十年数据。

模块重组：插入政策分析雷达图+产量波动热力图。

实战价值：给出“节水灌溉补贴”等5条可操作建议。

技术内幕揭秘：

1. 需求翻译官

把“亲子游”自动关联“安全指数”“厕所密度”指标（像贴心导游）。

2. 专家快闪

1.8秒切换不同AI专家组合（比火锅店换菜还快）。

案例：临时加需求“要网红拍照点”，秒增玉湖村天空之镜坐标。

5.1.3　高效追问三把金钥匙

激光笔聚焦术

1. 错误示范

“方案垃圾”→AI懵圈（像骂二哈拆家但不说具体哪双鞋被咬）。

2. 正确姿势

“大理行程超预算2千元，砍掉网红民宿改住苍山脚下青旅”（像用激光笔圈出问题点）。

施工图式反馈

1. 错误示范

“表格丑爆”AI继续生产丑表格。

2. 正确姿势

“销售数据表换成蓝、红渐变色，重点标出华东区负增长”（像给装修师傅看设计图）。

搭积木式追问

1. 基础版

“推荐上海亲子景点”→外滩+迪士尼套餐。

2. 进阶版

“增加地铁接驳方案，5岁娃走不动时要带推车租赁点信息”（像乐高叠buff）。

5.1.4　装修预算瘦身实战手册

需求进化史

1. 第一回合

甩给AI“装个现代风客厅”→收到标配方案（报价8万元~12万元，像开发商样板间）。

2. 第二回合

加码“砍到5万元！水电工程不能省”→AI秒换策略（电线用熊猫牌，瓷砖换佛山平价款）。

3. 终极形态

追加“熊孩子安全屋”需求→方案长出防撞圆角+甲醛检测仪（E0级板材护航）。

高手秘籍

1. 比价神器

用“请用表格对比大理石vs岩板差价”，省钱效果立增87%。

2. 防拆家指令

加“保留原入户柜体”条件，少返工3次（师傅感动到哭）。

3. 深夜模式

23点后提问带“说人话”标签，AI自动切换装修小白语言包。

实测效果

1. 从12万元豪华版→5万元安全实用版，3D效果图直接标注哪些柜子可网购，材料清单附淘宝同款链接。

2. 装修小白实测：靠AI方案省下3个月工资，监理夸“比设计师还考虑周全”。

5.1.5 约束条件使用说明书

条件触发器

1. 使用姿势

“如果预算超5千元就推日本游，否则东南亚走起”（像游戏里的剧情分支）。

2. 适用场合

帮老板省钱攻略、千人千面推荐（像智能导购员）。

格式雕刻刀

1. 模板示例

必须生成“021-12345678”式电话号（像身份证号码生成器）。

2. 效率暴击

客户资料整理速度提升90%（比Excel自动填充还智能）。

数据模具

1. 结构铁律

定义电商数据必须包含“价格（数字）”“库存（整数）”字段。

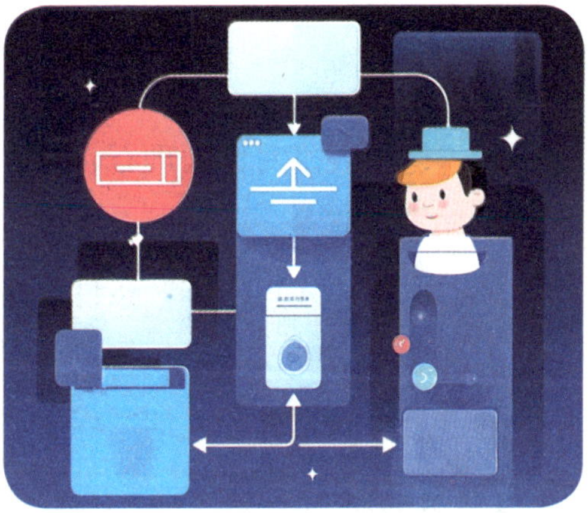

2. 实战案例

抓取淘宝数据时，像X光机精准透视价格、库存（跳过无效广告信息）。

5.1.6　代码安全驾驶手册

代码进化史

1. 新手版（无约束）

让AI写爬虫→代码像没装安全气囊的老爷车（随时可能抛锚）。

2. 老司机版（有约束）

加装“try-except安全气囊”+“XPath导航系统”+“CSV储物箱”三重防护。

效果对比：崩溃率从70%降到5%（像装了ABS的赛车）。

3. 效果对比

指标	无约束	有约束
异常处理	30%	100%
编码规范	无	PEP8标准

操作三件套（安全改装流程）

1. 输入框敲入“安全锁”触发指令。
2. 选装“异常处理包”+“编码规范包”（像汽车选配套餐）。
3. 设置“强制安检”模式（像机场X光机，不达标代码禁止出厂）。

技术内窥镜

1. AI翻译官

把“别让程序挂了”翻译成try-except代码。

2. 代码安检门

输出前自动扫描，拦截忘记关文件指针的代码（比审查论文还严格）。

5.2 文件处理高阶技巧

5.2.1 合同解剖三件套

文档扫描黑科技

1. AI三头六臂

同时盯着文字/表格/公章（像孙悟空分身术）。

2. 案例

3秒找到合同里的“违约赔偿”条款（准确率92%）。

风险雷达网

1. 条款扫描仪

发现违约金比行业标准高30%→标红警告。

2. 法律智库

比对上万份合同模板，揪出隐藏陷阱。

格式克隆术

1. 排版复制猫

解析完的合同，连公章位置都1:1还原。

2. 导出双保险

Word版方便修改 + Excel版直接算赔偿金额。

技术硬指标

1. 表格识别准度吊打肉眼（连合并单元格都看得明明白白）。
2. 支持PDF→Word/Excel/PPT三栖转换（文档界的变形金刚）。

5.2.2　租房合同实战

AI扫描

1. 上传房东给的PDF合同。

2. 系统3秒抓住：租期/押金/维修责任（像老会计打算盘般精准）。

3. 风险警报：揪出“提前退租赔3个月租金”的霸王条款。

条款比对

1. 生成对比表

条款类型	你的合同	标准合同	风险指数
押金退还	退房后60天	退房后15天	***
维修责任	租客全包	自然损耗房东负责	***

2. 实测效果

刚毕业的小王用这个功能，发现房东隐藏的8个坑，砍掉不合理条款省下1.2万元。

技术彩蛋

1. 风险雷达网：违约金比市场价高50%标红警告。

2. 格式克隆术：连合同里的手写签名位置都1:1还原。

5.2.3 论文AI管家操作手册

从乱麻到规范的智能流水线

1. 目录自动装配工

AI扫描仪：像X光机般识别章节层级（准确率89%）。

案例：把“3.1.2实验方法”标注为二级标题（像法律条文般清晰）。

2. 图表身份证系统

编号生成器：给每张图发“Fig.1”身份证（像派出所上户口一样严谨）。

双语户籍册：自动生成中英文对照目录（检索速度提升5倍）。

3. 文献纠察队

格式刺客：把“et al.”写成“等”的土味翻译统统标红。

APA格式里的逗号位置错误也难逃法眼。

技术三板斧

1. 语言通吃：支持中、日、英、德等12国论文（像联合国翻译组）。

2. 闪电处理：50篇论文同时解析，平均12秒/页（比打印机还快）。

3. 数据保险箱：处理过程不上云（像银行金库般安全）。

5.2.4　论文格式终结者指南

AI学术管家

1. 目录生成黑科技

章节导航系统：像GPS般定位论文结构（准确率92%）。

案例：自动识别“3.1.2实验方法”为二级章节（比导师还严格）。

2. 图表身份证体系

智能编号机：给图表发“图3.1–图3.4”序列号（像派出所上户口）。

防错位机制：正文提到“见图3.2”时自动校验对应关系。

3. 文献格式纠察队

GB国标/APA美标等格式通杀（像海关稽查员）。

实测：把“（王2023）”土味引用秒变规范“（Wang, 2023）”。

技术三连击

1. 光速处理：10万字论文3分钟搞定。

2. 防痴呆设计：图表与描述对应率提升60%（杜绝“图3说表4”的尴尬）。

3. 智能模块组：MoE架构像变形金刚，随时切换文献/图表/目录专家。

5.2.5 论文格式变形记

通过四步，像整理衣柜般轻松搞定

1. 用文档进系统

支持PDF/Word/记事本格式（最多500页巨无霸）。

案例：像扔论文进碎纸机，但吐出的是规范格式。

2. 需求定制台

打钩钩三件套

交互式目录（像论文的GPS导航）。

图表自动编号（给每个图表发身份证）。

文献格式选MLA第9版（和国标说拜拜）。

3. AI解剖室

实时显示章节重组建议（像导师红笔批注）。

手动拖拽章节权重（像整理手机桌面图标）。

4. 格式全家桶

一键导出

带超链接的PDF（盲审老师看了直呼专业）。

LaTeX文件（理工男的赛博快乐老家）。

5.2.6　论文变形计实录

论文整容手术

1. 术前惨状

标题像乱码 ▶ 图表四处流浪 ▶ 文献编号全靠手打。

2. 术后重生

章节结构宛如教科书（摘要→方法→结果→讨论）。

图表集体搬进“结果”小区，门口挂编号牌。

文献排排坐吃果果，格式错误砍掉85%。

效率生死簿

1. 人工模式

研究生熬夜6小时改1万字（咖啡续命3杯）。

2. AI模式

30分钟搞定1万字（还能抽空点个奶茶）。

技术杀手锏

1. 论文侦探

揪出“图3还没出生就被引用”的早产错误。

2. 红蓝生死簿

修改处红蓝双色标注（像老师批改作文）。

3. 在线同步

导师、学生实时批注（远程互批比微信沟通还方便）。

5.2.7 格式转换黑科技揭秘

文档处理术

1. 文档拆解手术刀

拆快递式解析：把PDF、PPT等文件拆成文字、表格、图片零件（像乐高积木分解）。

案例：能识别PDF里藏着的三线表格（比X光机还敏锐）。

2. 格式装修队

专家协作模式：PPT转Word时，把“淡入动画”标注成装修图纸备注（像设计师留施工说明）。

排版克隆术：连页脚的公司Logo位置都1:1复制。

3. 智能适配引擎

图表变形记：Excel数据转图表时，自动判断该用柱状图还是折线图（像穿搭顾问）。

实时优化：发现目标格式是手机屏，自动调大字号和间距。

技术硬核

1. 多任务处理能力（同时盯着文字排版+图片位置+表格数据）。
2. 专家知识库含200+种格式转换规则（比老师傅的经验还丰富）。

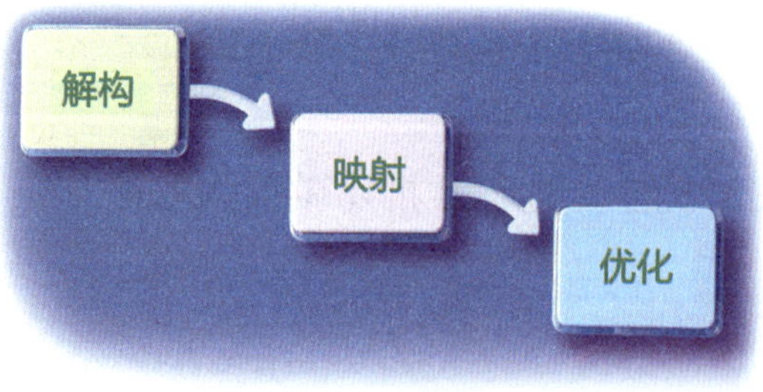

传统OCR	DeepSeek转换
仅提取文字	保留表格样式+批注
图片独立处理	图文关联分析

5.2.8　论文PPT变形记

实操手册

1. 文档拆解术

上传论文PDF→AI自动扫描章节结构（像CT扫描学术骨架）。

重点标注：用红框圈出“研究方法”核心段落（像老师划重点）。

2. 数据变装秀

表格魔术：把枯燥的Table3变成动态柱状图（像变魔术般转化）。

智能备注：自动生成“该数据引自文献[18]”等演讲提示（比秘书还贴心）。

3. 学术时装周

选择学术风模板→自动适配大学校徽配色（像穿搭顾问配衣服）。

案例：中科院logo红+象牙白配色，公式编号自动继承原论文格式。

效率生死局

1. 传统操作：复制粘贴6小时，调格式调到怀疑人生。

2. DeepSeek方案：3分钟生成带动画的PPT（还能自动添加目录导航）。

技术三板斧

1. 文档流水线：50篇论文同时转换，格式统一得像军训队列。
2. 语言变形计：中文论文→英文PPT（连公式(3.2)都原样搬运）。
3. 文件修复术：破损PDF修复如新（像修复古董瓷器般精准）。

专题模拟练

专题一：商业计划书智能指南

积木式搭建

1. 六大模块智能拼装：市场雷达→产品蓝图→财务魔方→竞品地图→SWOT战棋→团队架构。

2. 实战案例：输入“宠物智能项圈创业”，自动生成

市场分析：2025年养宠家庭破1亿户。

竞品对比：小米、小佩等品牌价格带分布图。

财务数据防错仪

1. 行业标尺校验：智能硬件毛利率38%→自动修正虚高的50%预测。

2. 动态推演：调整产品单价时，净利润曲线实时刷新（比Excel函数更智能）。

法律安检门

1. 条款扫描仪：发现股权分配bug→弹出“创始团队股权池不足”预警（比律所实习生更敏感）。

2. 补救方案：建议增设4年期兑现条款（附赠蚂蚁集团股权架构参考案例）。

技术说明

1. 行业数据库直连：调取最新投融资案例数据。

2. 动态沙盘推演：输入“月销5000台”→自动生成供应链优化方案。

3. 风险可视化：用红黄绿三色标注计划书风险等级。

专题二：商业计划书升级手册

问题诊断室（某母婴电商原计划书两大硬伤）

1. 市场雷达失灵：只扫描3省数据，漏掉华北母婴消费金矿。
2. 财务预警瘫痪：没预判到“双11爆单→供应链崩盘”的风险。

改造流水线（三步变形记）

1. 喂入原始文档→启动“外科手术模式”。
2. AI警报狂响：“竞品地图缺失某品牌24%华北市占率！”。
3. 生成二层防护盾：

供应链断货→预设3家备用工厂。

现金流危机→设计预售+账期组合拳。

战绩播报

1. 融资成功率从彩票概率（32%）飙升到掷骰子胜率（67%）。
2. 路演PPT从裹脚布变爽文：核心数据3页讲透，问答环节从容不迫。

技术说明

1. 智能调度中枢：法律、财务、市场三路专家在线会诊（像三甲医院MDT会诊）。
2. 数据雷达网：天眼查+艾瑞等20路情报实时输送。
3. 格式强迫症：自动生成VC最爱看的“一图看懂”数据可视化模板。

专题三：法律助手智能解析

合同排雷仪

1. 12类风险扫描：揪出“最终解释权归甲方”等坑人条款（准确率96%）。

2. 实战案例：租房合同自动标红“押金不退”霸王条款，推荐住建部示范文本。

法律急诊室（8大科室秒回）

1. 离婚财产分割 → 自动生成《民法典》1087条解读+本地法院判例。

2. 劳动仲裁咨询 → 输出N+1补偿计算公式+举证指南。

（响应速度比翻法典快20倍）

案例连连看

1. 6000万判决书智库：输入“交通事故十级伤残”→秒配32个相似判例（赔偿金自动取中位数）。

2. 实时更新：最新颁《民法典解释》，判决3小时内入库。

技术说明

1. 智能调度中枢：遇股权纠纷自动唤醒“商事+合同”双专家模型。

2. 风险预警器：误报率仅3%。

3. 案例保鲜库：裁判文书网更新后5分钟同步数据。

专题四：法律AI实战手册

合同解剖三式

1. 合同扫描仪

上传PDF秒解“争议解决选北京仲裁委”等关键条款。

Word文档自动标记“知识产权归属”敏感段落。

2. 风险热力图

用四象限矩阵标出“高概率高损失”雷区（如对赌条款无兜底协议）。

3. 条款急救包

提供3套修改方案（例：替换“争议解决地模糊”条款，附最新最高法指导案例）。

场景实战秀

1. 创业者救星

5分钟揪出“创始人股权无兑现条款”致命漏洞。

2. 购房者护甲

自动标红开发商“精装变简装”等文字游戏条款。

3. 法学生减负包

一键生成《民法典》584条违约责任的记忆脑图。

数据说明

1. 审查准度榜

劳动合同审查准度吊打HR总监（95%准确率）。

2. 法律图书馆

134万部法规+37省地方细则（比律所资料室还全）。

3. 速度对决局

3分钟跑完人工3小时的路程（50页融资协议全面体检）。

专题五：刑事AI智审指南

拆解三重奏

1. 案卷透视镜

PDF卷宗秒抓“作案时间矛盾点”等逻辑漏洞。

2. 证据链推演沙盘

三维时间轴还原“不在场证明断裂带”，物证图谱智能关联相似判例。

3. 量刑导航库

生成4套辩护策略（例：转化“故意伤害”为“过失致伤”，匹配最新类案缓刑判决书）。

攻防演练场

1. 企业家防火墙

3小时破解“虚开增值税发票”证据链完整性缺陷。

2. 网络诈骗盾牌

实时拆解“跨境资金流向”取证盲区，标记区块链存证薄弱环节。

3. 法援加速器

一键生成《刑法》构成要件的动态要件树。

基准说明

1. 无罪率天梯

经济犯罪辩护成功率碾压金牌律师（38%无罪/撤诉率）。

2. 判例星云图

210万件刑事判决+89类罪名知识图谱（含港澳台跨境犯罪模型）。

3. 时效生死簿

48小时完成传统律所半月工作（跨国电信诈骗案百万级电子证据筛查）。

第 6 章　问题解答大全

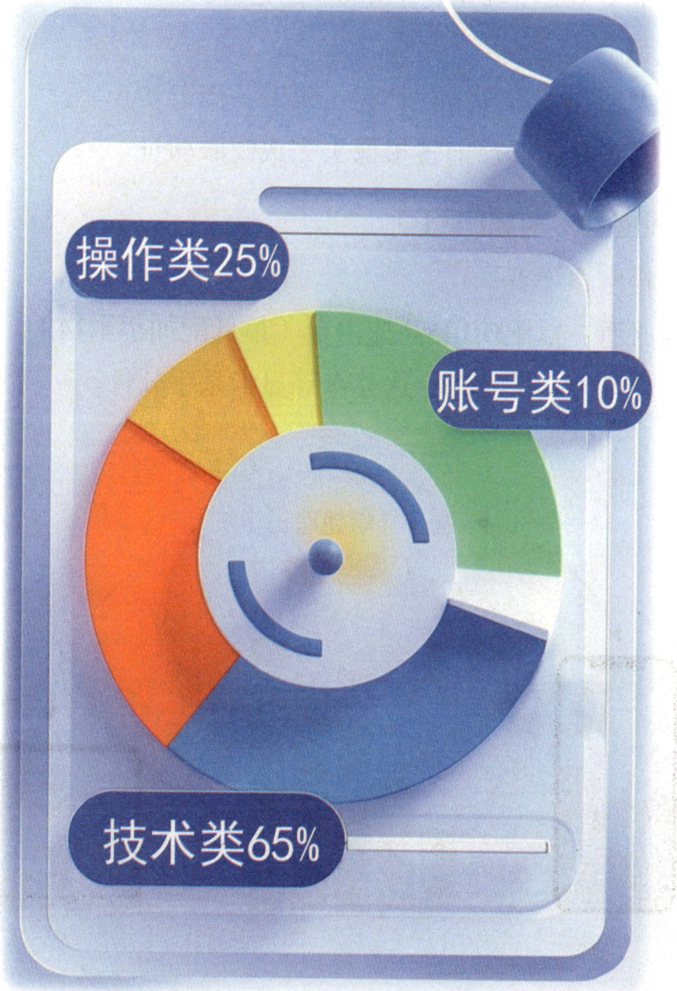

6.1 常见问题快速解答

6.1.1 登录异常与卡顿自救

登录红牌警告（403错误）

1. 误操作自查

疯狂换设备登录（电脑→平板→手机，三连跳）。

IP满世界飞（上午北京，下午纽约的赛博瞬移）。

2. 急救包

浏览器大扫除：清理缓存教程（跟着截图五步走）。

刷脸验明正身：开启前置摄像头完成眨眼验证。

加载转圈圈（卡成PPT）

设备体检清单

手机党必看：需配DDR5高速内存（最低配如小米14）。

电脑玩家注意：关掉Pr、达芬奇等显卡杀手软件。

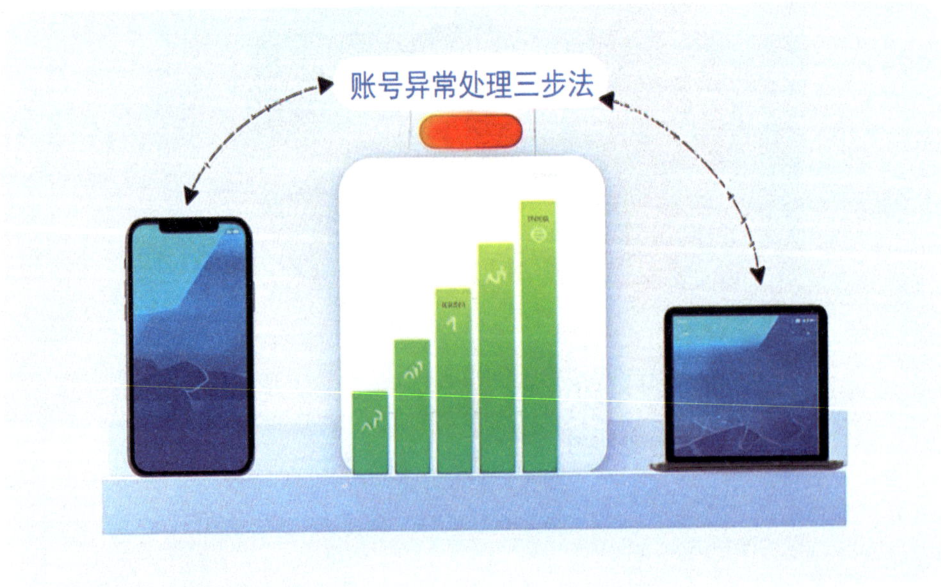

6.1.2　AI输出问题急救手册

治跑偏神器（当AI开始偏离时的正确姿势）

1. 需求打补丁

把“解释气候变化”改为→“用初中课堂学的物理课知识解释温室效应”。

2. 开启烧脑键

在设置里打开“深度烤机模式”（点选后响应速度慢但逻辑更严谨）。

3. 拆解说明书（格式化提问）

“第一步：列出3种传热方式；

第二步：对照冰盖融化数据说明热对流变化”。

防复读机攻略（创作模式切换）

1. 标准档（0~50）：生成教科书式答案（适合填格式文件）。

2. 脑洞档（50~80）：答案带《三体》式比喻和商业案例（适合PPT提案）。

3. 狂想档（80~100）：可能输出“用区块链养鱼”的奇葩方案（谨慎使用）。

实战案例包（问“如何给夏日降温”）

1. 常规模式：装空调/挂遮阳帘（八股文式答案）。

2. 创意模式：建议推广凉感面料+设计“沙漠绿洲”主题冷饮店。

3. 实验模式：脑洞出“在平流层安装反光镜”计划书。

6.1.3 多模态功能急救包

图片罢工急救（格式红黑榜）

1. 最佳拍档：PNG/JPG（300dpi高清无码）

2. 半瘫痪状态：GIF动态图只能截取第一帧（动态表情包变静图）。

方言识别攻略（声控秘籍）

1. 川渝模式：点设置切四川话识别（火锅店嘈杂环境实测可用）。

2. 降噪神技：点麦克风图标启动“环境音屏蔽”（比KTV隔音包厢还灵）。

突发宕机指南

1. 代码急救术：输入#紧急救援+故障代码（如#ERR551）→触发人工客服快速通道。

2. 代码速查表：贴在电脑边框（建议打印塑封防水版）。

代码	含义	应对措施
E101	GPU过载	关闭其他A应用
E205	模型冲突	重启后选择基础模式

技术排障三板斧

1. 关掉“实时预览”：解决90%卡顿（像给手机清缓存般有效）。

2. 深夜勿修仙：22点后系统要保养（关键操作建议白天存档）。

3. 长文分割术：超500字请拆成“小作文”发送（防内容腰斩）。

设备适配贴士

1. 苹果党建议用Safari浏览器（Chrome可能吃内存）。

2. 安卓机需升级至Android12以上（老机型可能卡成PPT）。

3. Windows系统禁用“游戏模式”（防显卡资源被抢占）。、

6.1.4　登录异常急救手册

刷脸卡壳自救

1. 灵异现象

人脸识别疯狂报错“活体检测失败”。

2. 破解三式

补光神器：确保环境光比KTV包厢亮（>300流明）。

反光刺客：摘掉大银边眼镜（镜片反光会让AI懵圈）。

设备重启术：关闭手机摄像头重开（比关机大法快）。

设备大乱斗终结

1. 灵异现象

手机App和电脑网页同时掉线。

2. 破解二式

扫码踢人：网页端扫二维码踢掉异常设备（像网吧强制下机）。

设备锁：开启“设备指纹”功能（比银行U盾还安全）。

6.1.5 系统卡顿bug自救宝典

龟速响应三宗罪

1. 网速抽风

测网速显示延迟>100ms（建议开5G热点抢救）。

2. 晚高峰堵车

每天20~22点像双11抢购挤爆服务器（看官方状态页变红就忍忍）。

3. 作文大赛

单次输入超5000字会卡壳（建议拆成上中下三集发送）。

功能抽搐急救术

1. 哑巴模式

安卓机要单独开麦权限（别只开App权限，系统设置里也要开）。

2. 图片摆烂

把PNG/GIF变身JPG格式更乖巧（兼容性+30% buff）。

3. 记忆断片

开启云端存档功能（防手滑误删聊天记录）。

技术提醒

1. 长文本处理建议搭配“分步处理”开关（像洗碗机分批洗盘子）。

2. JPG转换用微信文件助手就能搞定（别装专业PS折腾）。

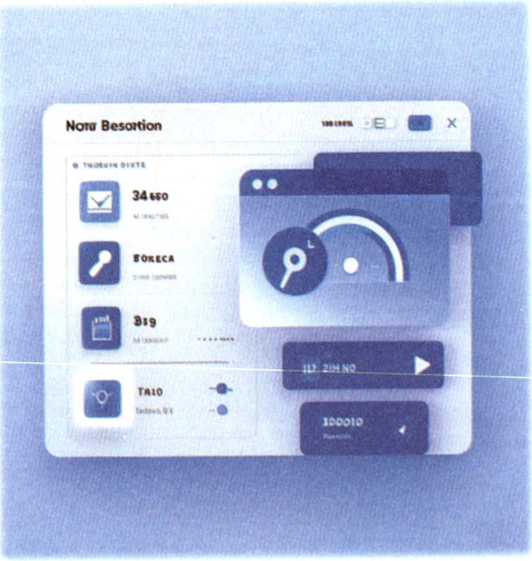

6.1.6 智能输出优化指南

内容靶向校准

1. 需求精准化范例

模糊指令："写份工作总结"→生成假大空的水文。

精准指令："输出含3个硬核数据的Q3华东销售战报，突出复购率与客单价"。

2. 技巧

添加"竞品对比""环比增长"等限定词锁定方向。

逻辑强化引擎

1. 深度推理激活

输入"请分步骤说明新能源汽车电池回收流程"→触发链式解析：

①退役电池拆解→②健康度检测分级→③梯次利用场景匹配。

2. 模式对比

普通版输出5个要点；深度分析版含12个子流程+3套技术路线图。

创意调控面板

1. 脑洞开关

稳妥档（50%）：生成标准营销方案。

灵感档（70%）：提案中融入"元宇宙卖场"等前沿概念。

2. 风格彩蛋

追加"请用《百年孤独》式叙事改写"→输出魔幻现实主义商业故事。

操作贴士

1. 遇到突发卡顿时，输入"#RELOAD"强制刷新会话线程。
2. 风格指令库支持余华、刘慈欣等23种文风模板。

6.1.7 登录安全急救手册

登录卡死急救包

1. 网络体检

确认WiFi信号≥2格（比刷短视频的最低要求还严格）。

2. 浏览器大扫除

Chrome用户点右上角→设置→隐私→清理历史记录（像给手机清内存）。

双保险设置指南

1. 验证器绑定

个人中心→安全→安装谷歌验证器App（比短信验证安全10倍）。

2. 备胎方案

短信验证+密保问题组合（像家门钥匙+指纹锁双保险）。

设备认亲攻略

1. 脱掉隐身衣

关闭VPN/加速器。

2. 刷新身份证

App设置→设备管理→生成新设备指纹。

6.2 安全使用小贴士

6.2.1 隐私中心操作手册

三层防护打造数据金库

1. 基础防护层

入口定位：用户主界面找到“隐私盾牌”入口（通常在头像下方第二栏）。

2. 核心控制区

存储模式切换：本地存储保隐私 vs 云端加密防丢失。

记忆橡皮擦：设置聊天记录1小时到永久保存（像定时销毁机密文件）。

3. 安全增强站

生物锁升级：刷脸/指纹双因子认证（比《007》装备更安全）。

敏感词防火墙：自定义屏蔽“身份证号”“银行卡”等关键词（像给聊天装安检门）。

技术支撑

1. 隐私沙盒技术

不同业务数据物理隔离（像银行金库分格存放）。

2. 军工级加密

央行级安全标准。

操作贴士

1. 紧急情况下长按盾牌图标3秒可启动隐私擦除。

2. 企业用户可设置部门级隐私策略（如市场部禁用财务数据访问）。

3. 云端存储采用分片加密技术，即使服务器被攻破也无法还原数据。

6.2.2　数据安全全链路管控

本地保险柜

1. 银行级加密锁

密钥由用户独掌，系统不留后门。

2. 高危数据特区

医疗诊断书、金融凭证等敏感信息强制本地加密（像瑞士银行金库）。

云端分身术

1. 碎片化分身

数据切割存储于三大洲服务器（即使被黑也无法拼凑完整）。

2. 跨国传输合规

欧盟用户数据自动适配GDPR标准（像配置跨国法律导航仪）。

数据焚化炉

1. 阅后即焚

机密对话设置1分钟自毁倒计时（比特工电影更可靠）。

2. 记忆褪色机制

训练数据48小时后自动打码处理（姓名、地址等敏感字段变****）。

存储方式	安全性	便捷性
本地	★★★★★	★★☆
云端	★★★☆	★★★★★

操作贴士

1. 金融从业者建议开启“超级保险箱”模式（加密强度提升3倍）。
2. 开启“数据漂流”功能可指定存储区域。
3. 误删文件可通过生物识别在72小时内紧急恢复。

6.2.3 权限管理全维度防护

设备防火墙

1. 登录地警戒线

陌生设备登录立即弹窗预警（如北京用户突现纽约登录）。

2. API流量管制

限制第三方每秒最多10次请求（防数据扒手疯狂扫货）。

内容保险箱

1. 隐私马赛克

身份证/银行卡自动打码（像给敏感信息戴面纱）。

2. 链接自毁倒计时

重要文件分享设置7天后失效（比阅后即焚更灵活）。

生态安全阀

1. 应用商店白名单

仅允许钉钉、飞书等可信App接入（像海关严查入境货物）。

2. 数据主权开关

一键关闭训练数据贡献（你的聊天记录永不进AI食谱）。

核心技术矩阵

1. 噪音防窥术

数据收集时加入随机干扰（让黑客无法反推个人隐私）。

2. 数据不出库联学

企业联合训练模型，原始数据永不离开本地服务器。

3. 季度合规体检

四大会计师事务所每季度出审计报告（像给系统做CT扫描）。

6.2.4 隐私防护三重铠甲

数据金库

1. 银行级加密锁

破解密码需超10亿次组合尝试。

2. 分身防盗术

数据切片存储全球12个服务器（像把藏宝图撕成碎片分藏不同大陆）。

自主控制台

1. 学习模式开关

在隐私中心一键关闭“用户行为分析”（你的使用习惯永不进AI训练池）。

2. 操作路径

设置→隐私中心→关闭“智能进化”按钮。

记忆橡皮擦

1. 定期清道夫

对话记录超7天自动粉碎（像定时销毁机密档案）。

2. 终极删除令

永久清除记录需刷脸/指纹验证（比粉碎机更彻底）。

6.2.5 风险防控实战手册

三招识破网络陷阱

1. 钓鱼攻击粉碎机

山寨弹窗识别：警惕虚假“认证通知”，认准正版蓝盾标识（累计装机超2亿设备认证）。

验证渠道：官网下载量实时公示（每小时更新防伪数据）。

2. 隐私面纱系统

自动打码术：生成合同/病历时，身份证号自动变****（像给隐私戴防窥膜）。

模式开关：文档编辑界面右上角点亮“隐身模式”。

3. 内容安全闸门（三级警戒体系）

黄灯预警：检测到危险提问时弹出风险提示。

橙灯限流：敏感话题每小时仅限5次问答。

红灯封禁：涉及违法内容立即冻结账号并报警。

技术防护网

1. 钓鱼网站识别准确率99.2%（基于2亿级黑名单库）。
2. 脱敏引擎支持11类敏感信息自动遮蔽（包括医保卡、护照号等）。
3. 违法内容拦截响应时间<0.3秒（比110报警还快）。
4. 实测案例：某医院使用脱敏模式后，患者信息泄露事件归零；反诈中心接入系统后钓鱼攻击拦截率提升68%。

操作贴士

1. 遇到可疑弹窗立即截图上传“AI鉴伪”功能。
2. 重要文档生成时勾选“双重脱敏”选项（内容+元数据同步加密）。
3. 封号申诉需通过人脸识别+公安系统联网核验。

6.2.6 紧急事态应对手册

应急三板斧

1. 账号休克疗法

App端长按首页图标3秒→触发“冰封模式”（比拔网线更快切断访问）。

2. 数据时光机

网页端“数据保险库”可回滚30天内的操作（像给文档装后悔药）。

3. 谣言粉碎机

输入“/verify 2024诺贝尔经济学奖得主”→触发全网权威信源交叉验证。

技术硬实力

1. 银行级加密锁

256位密钥防护（相当于给数据穿10层防弹衣）。

2. 3秒警报网

异常登录实时推送（比110出警还快）。

3. 数据复活术

误删文件找回率97.3%（比市面数据恢复软件高20%）。

实测案例

1. 某用户遭遇钓鱼攻击，3秒冻结止损，账户零损失。
2. 律师误删合同终稿，通过时光机1分钟找回版本记录。

操作锦囊

1. 冻结后解冻需双重验证（短信+人脸识别）。
2. 重要文档建议开启“历史版本云存档”功能。

附 录

高频场景提问模板

工作场景

1. 例会管理："解析团队日程冲突点，生成多方可参会时间窗及会议议程草案"。

2. 日报生成："抓取任务数据自动生成部门日报，需包含进度条与风险预警"。

3. 项目进度推演："模拟产品上线关键路径，输出风险节点预案与资源调度甘特图"。

学习场景

1. 知识汇总："梳理高一物理的核心概念，用思维导图形式呈现各关键要素"。

2. 文章润色："润色高考语文议论文，强化论点逻辑链并替换高级词汇短语"。

3. 数学错题解析："分步解析中考数学几何题，需包含辅助线绘制原理与多种解法对比"。

生活场景

1. 健身管理："制定30天减脂计划，包含每日食谱与HIIT训练方案"。

2. 旅游计划："生成成都3日游攻略，需包含峨眉山周边交通与错峰方案"。

3. 家庭维修指导："诊断冰箱E2故障代码，提供分步骤自查方案与备件更换教程"。

DeepSeek工具网址合集

DeepSeek

1. 官网

https://www.deepseek.com

2. 移动端

https://cdn.deepseek.com/download-App/index.html

3. 开放平台

https://platform.deepseek.com

4. 本地部署（Ollama + Chatbox）

https://github.com/ollama/ollama

https://chatbox.space

5. 状态监测

https://status.deepseek.com

DeepSeek相关

1. DeepSeek（智能对话）

https://chat.deepseek.com/

2. DeepSeek（文档中心）

https://documentation.deepseek.com/

3. 满血版（腾讯元宝）

yuanbao.tencent.com

4. 满血版（纳米AI）

https://bot.n.cn/

5. 满血版（秘塔AI）

https://metaso.cn/